Hilbert 空间中算子矩阵的谱和 n 次数值域

于佳晖　刘　杰　著

东北大学出版社
·沈　阳·

图书在版编目（CIP）数据

Hilbert 空间中算子矩阵的谱和 n 次数值域 / 于佳晖，刘杰著. --沈阳：东北大学出版社，2024. 7. --ISBN 978-7-5517-3592-6

Ⅰ. O177. 1

中国国家版本馆 CIP 数据核字第 20249TR188 号

出 版 者：东北大学出版社
地址：沈阳市和平区文化路三号巷 11 号
邮编：110819
电话：024-83683655（总编室）
024-83687331（营销部）
网址：http://press.neu.edu.cn
印 刷 者：辽宁一诺广告印务有限公司
发 行 者：东北大学出版社
幅面尺寸：185 mm×260 mm
印　　张：8. 5
字　　数：188 千字
出版时间：2024 年 7 月第 1 版
印刷时间：2024 年 7 月第 1 次印刷
责任编辑：曹　明
责任校对：周　朦
封面设计：潘正一
责任出版：初　茗

ISBN 978-7-5517-3592-6　　定　价：52. 00 元

前 言

本书从 Hilbert 空间的一些基本理论出发，讨论了 Hilbert 空间中无界算子矩阵的谱，特别是 Hamilton 算子矩阵 $\boldsymbol{H}$ 的点谱、$\boldsymbol{H}$ 的特征函数系非退化的辛结构、$\boldsymbol{H}$ 的谱的对称性及 n 次数值域的相关性质等问题. 本书共分 6 章. 第 1 章为绪论. 第 2 章介绍了与该书内容相关的 Hilbert 空间中线性算子的谱、二次数值域和 n 次数值域的一些基本概念及性质. 第 3 章首先研究了 Hamilton 算子矩阵的点谱的分布及特征函数系的非退化的辛结构，基于斜对角 Hamilton 算子矩阵的辛自伴的性质，给出其特征函数系具有非退化的辛结构的充分必要条件，并基于此给出点谱分布于实轴、虚轴及其他区域的充分必要条件. 其次，讨论了上三角 Hamilton 算子矩阵的各类谱关于虚轴的对称性，并基于此刻画出上三角 Hamilton 算子矩阵的剩余谱、1-类剩余谱和 2-类剩余谱分别为空集的充分必要条件. 第 4 章考虑数值域的加法性，从几何角度，研究一类算子矩阵的二次数值域分别关于实轴、虚轴的对称性，进而验证 Hamilton 算子矩阵的二次数值域关于虚轴的对称性. 此外，根据 α-J 自伴算子 n 次数值域的对称性，给出有界 Hamilton 算子的一类 n 次数值域关于虚轴的对称性. 第 5 章首先研究了无穷维可分 Hilbert 空间上有界算子矩阵的 n 次数值域，解决了关于主对角算子、双边移位算子、正规算子，以及具有完全不连通谱的亚正规算子、半正规算子的 Salemi 猜想，给出它们的可估计分解. 其次，解决了关于幂零算子、一类特殊的谱算子的 Salemi 猜想，给出它们的可估计分解. 根据任意一个拟幂零算子都可在范数极限意义下用幂零算子一致逼近，在范数极限意义下解决了拟幂零算子的 Salemi 猜想. 最后，在拟幂零等价意义下解决了谱算子的 Salemi 猜想. 第 6 章利用投影法数值逼近有界和无界算子矩阵的 n 次数值域，进一步解决了 Salemi 猜想. 此外，近似计算了一类特殊的 Hamilton 算子矩阵的四次数值域.

本书既适合数学专业高年级本科生和研究生阅读，也可供数学专业教师和科研工作者参考.

本书的出版获内蒙古自然科学基金面上项目“以对称性为切入点的无界算子矩阵的

谱包含性研究”（2021MS01017）、内蒙古自然科学基金博士基金项目“分块算子矩阵的 n 次数值域和可估计的分解”（2021BS01007）、内蒙古高等学校科学研究项目“基于空间分解方法的 Hamilton 算子的半群及其应用研究”（NJZY21205）、内蒙古高等学校科学研究项目“分块算子矩阵的 n 次数值域的性质”（NJZY21208）、内蒙古自治区直属高校基本科研业务费青年教师提升科研创新能力项目“无穷 Hamilton 算子的半群理论及应用”（ZSQN202216）、呼和浩特民族学院创新团队项目“算子矩阵谱理论及其在可积系统中的应用研究团队”（HM-TD-202005）的资助。

因作者水平有限，本书中难免有不妥之处，望专家和读者批评指正！

著　者

2024 年 2 月

目 录

第1章 绪 论

本章首先简要地介绍本书的研究背景，其中包括 Hamilton 算子矩阵谱的研究、Salemi 猜想的研究、算子矩阵 n 次数值域、正规算子类的研究、算子矩阵的 n 次数值域的数值逼近；然后重点介绍 Salemi 猜想给出的一系列结果.

1.1 Hamilton 算子矩阵谱的研究

许多由数学物理学和力学产生的偏微分方程可以转化为 Hamilton 系统 $\boldsymbol{u}'=\boldsymbol{H}\boldsymbol{u}$，其中 $\boldsymbol{u}$ 表示整个状态向量，$\boldsymbol{H}=\begin{pmatrix} A & B \\ C & -A^* \end{pmatrix}$ 是 Hamilton 算子矩阵. 1991 年，钟万勰院士提出的基于 Hamilton 系统的分离变量法，是传统分离变量法的推广，为研究弹性及其相关领域提供了一种新的方法. 此后，许多学者致力用这种新方法求解弹性力学问题，并取得了许多较好的成果. 特征函数展开法以 Hamilton 算子矩阵的谱理论及其特征函数系的完备性作为理论依据.

Hamilton 算子矩阵特征函数系的展开以辛结构的非退化性为前提，辛结构的非退化性能够确保特征函数系展开时的系数的存在. 因此，著者研究了 Hamilton 算子矩阵特征函数系的非退化的辛结构. 此外，著者发现许多数学、物理问题可用斜对角 Hamilton 系统 $\boldsymbol{u}'=\begin{pmatrix} 0 & B \\ C & 0 \end{pmatrix}\boldsymbol{u}$ 来解决，而对应的斜对角 Hamilton 算子矩阵 $\boldsymbol{H}=\begin{pmatrix} 0 & B \\ C & 0 \end{pmatrix}$ 具有较好的谱的对称性[1-2]. 因此，我们刻画了斜对角 Hamilton 算子矩阵的点谱分布在实轴、虚轴和其他区域的条件. 另外，线性算子的剩余谱与其特征函数系的完备性具有紧密的联系. 例如，自伴算子的特征函数系在 Hilbert 空间中完备与其剩余谱是空集有关，这一性质既为自伴算子的特征函数展开法提供了理论依据，也为求解数学、物理中的初边值问题，带来了极大的便利. 然而，并非所有的 Hamilton 算子矩阵 $\boldsymbol{H}$ 的剩余谱 $\sigma_{\mathrm{r}}(\boldsymbol{H})$ 都是空集，Hamilton 算子矩阵的剩余谱影响着 Hamilton 算子矩阵特征函数系的辛 Fourier 级数展开法的实现. Hamilton 算子矩阵剩余谱的非空性，特别是 1-类剩余谱 $\sigma_{\mathrm{r}_1}(\boldsymbol{H})$ 的非空性，也是决定其能否生成算子半群的主要障碍之一. 深入研究 Hamilton 算子矩阵的剩余谱为空集的充要条件，可进一步研究 Hamilton 算子矩阵的半群方法及无穷维 Hamilton 正则系统解的适定性. 因此, Hamilton 算子矩阵谱结构的研究也是具有重要应用价值的研究课题. 学界从不同的角度刻画了 Hamilton 算子矩阵的点谱和剩余谱. 本书基于对点谱 $\sigma_p(\boldsymbol{H})$ 和剩余谱 $\sigma_r(\boldsymbol{H})$ 的进一步分类, 精细地刻画了亏谱 $\sigma_\delta(\boldsymbol{H})$、压缩谱 $\sigma_{com}(\boldsymbol{H})$ 和近似点谱 $\sigma_{app}(\boldsymbol{H})$ 及它们之间的关系, 并借助辛自伴 Hamilton 算子矩阵的谱关于虚轴的对称性, 给出其剩余谱 $\sigma_r(\boldsymbol{H})$、1-类剩余谱 $\sigma_{r_1}(\boldsymbol{H})$、2-类剩余谱 $\sigma_{r_2}(\boldsymbol{H})$ 分别是空集的充要条件. 特别地, 对于上三角 Hamilton 算子矩阵 $\boldsymbol{H}=\begin{pmatrix} A & B \\ 0 & -A^* \end{pmatrix}$, 采用空间分解方法, 用行(列)算子、内部元算子的零空间、值域的性质, 给出其剩余谱、1-类剩余谱是空集的充要条件.

1.2 Salemi 猜想的研究

线性算子的谱在数学许多分支及其应用中均扮演着非常重要的角色. 令 $\mathcal{H}$ 是 Hilbert 空间, $\mathcal{B}(\mathcal{H})$ 表示空间 $\mathcal{H}$ 上的有界线性算子全体. 众所周知, 数值域, 即集合 $W(\boldsymbol{T})=\{(\boldsymbol{T}v, v): v\in\mathcal{H}, \|v\|=1\}$ 是刻画线性算子 $\boldsymbol{T}\in\mathcal{B}(\mathcal{H})$ 谱的经典有效的工具之一[3-4]. 1998 年, Langer 和 Tretter[5] 最先引进算子矩阵的二次数值域的概念, 并介绍了二次数值域的谱包含性质, 阐述了利用二次数值域, 能够比数值域更精细地刻画算子的谱分布. 2003 年, Tretter 和 Wagenhofer[6] 将二次数值域的概念推广到 n 次数值域, 刻画出更精细的谱分布描述, 并给出结论: 空间分解的加细条件下的相应 $\hat{n}$ 次数值域包含整体算子的谱, 包含于 n 次数值域. 对于任意算子矩阵 $\boldsymbol{T}\in\mathcal{B}(\mathcal{H})$, 采用空间分解加细的方法, 可得到一个单调递减的紧子集列 $\{\overline{W^k(\boldsymbol{T})}\}_{k=1}^{\infty}$, 进而有

$$\sigma(\boldsymbol{T})\subseteq\bigcap_{k=1}^{\infty}\overline{W^k(\boldsymbol{T})} \tag{1.2.1}$$

那么, 是否存在一组加细的空间分解列, 使得在这组分解列下的紧子集列 $\{\overline{W^k(T)}\}_{k=1}^{\infty}$ 满足

$$\sigma(\boldsymbol{T})=\bigcap_{k=1}^{\infty}\overline{W^k(\boldsymbol{T})} \tag{1.2.2}$$

为此, 2011 年 A. Salemi[7] 给出了可分 Hilbert 空间的完全分解和可估计分解的概念, 并给出: 对于任意无穷维可分 Hilbert 空间 $\mathcal{H}$, 都存在一个线性算子 $\boldsymbol{T}\in\mathcal{B}(\mathcal{H})$ 和两个完全分解, 对于 $\sigma(\boldsymbol{T})$, 一个是可估计的, 而另一个不是可估计的. 在文献[7]的最后, A. Salemi 提出以下猜想: 对于无穷维可分 Hilbert 空间上的任意有界算子 $\boldsymbol{T}$, 都存在可估计分解, 使得式(1.2.2)成立. 如果能证明 Salemi 猜想成立, 我们就可用算子矩阵的 n 次数值域去逼近其谱, 进而给出一种求解无穷维可分 Hilbert 空间上的算子矩阵的谱

的新途径. 这是解决 Salemi 猜想的意义所在.

1.3　算子矩阵的 n 次数值域

Hilbert 空间中线性算子理论，尤其是自伴算子的谱理论，是 20 世纪数学领域取得的最重要的成果之一. 线性算子的谱在数学许多分支及物理力学等领域均有非常重要的作用. 如果线性算子作用的 Hilbert 空间被划分为两个及以上线性算子空间的乘积，那么算子就可以被分解成算子矩阵的形式. 算子矩阵是以线性算子为其内部元素的矩阵，其应用非常广泛.

数值域是刻画线性算子谱的分布范围的经典工具之一. 1918—1919 年，Toeplitz 和 Hausdorff 证明了数值域是复平面上的凸集. 之后，诸多学者(如 L. Gohberg，T. Ando，P. Halmos，M. Goldberg，R. A. Horn，C. R. Johnson，Chi-kwong Li，Tin-Yau Tam，Hwa-Long Gau，Pei-Yuan Wu 等)在数值域、数值半径及各种类型的广义数值域等问题上，做了大量的研究工作. 此外，数值域的谱包含性质、数值域的次可加性、数值域与系统稳定性分析、数值域与量子运算及量子控制等，均成为数值域及其应用领域比较受关注的研究课题[8].

数值域刻画出的谱的位置比较粗糙，如 l^2 空间上的双边移位算子的谱是单位圆周，但其数值域的闭包是闭的单位圆盘. 为了更精确地刻画谱的位置信息，1998 年，Langer 和 Tretter 引进了算子矩阵的二次数值域概念，并指出有界算子的二次数值域是数值域的子集，且谱也包含在二次数值域的闭包中. 二次数值域能比数值域更好地刻画谱的分布信息. 二次数值域至多有两个连通分支，且不一定是凸集. 对无界算子矩阵，点谱包含于二次数值域，二次数值域也包含于数值域，但谱与二次数值域的包含关系一般不成立[9-11]. Tretter 研究二次数值域的谱包含关系，在文献[10]中给出主对角占优和次对角占优两类特殊的无界算子矩阵的谱包含结论：如果无界算子矩阵是 0 阶的主(次)对角占优，那么其近似点谱包含在二次数值域中；如果算子矩阵的二次数值域由两个互不相交的部分组成，那么存在非平凡的不变子空间，可将算子矩阵分块对角化[12]. 2012 年，Muhammad 和 Marletta[13] 利用投影法逼近刻画了有界和无界算子矩阵的二次数值域. 基于上述工作，2014 年，齐雅茹[14] 进一步研究 Hilbert 空间中无界算子矩阵的二次数值域、谱包含关系及可逆性等问题.

2003 年，Tretter 和 Wagenhofer[6] 把算子矩阵的二次数值域推广到 n 次数值域，并介绍了一些 n 次数值域相关成果及应用，如 n 次数值域不一定是凸集、n 次数值域的谱包含性质及 n 次数值域包含于数值域等. 在空间分解的加细条件下，相应的 $\hat{n}$ 次数值域包含算子的谱，包含于 n 次数值域，进而给出了谱的更加精细的刻画. 2007 年，Wagenhofer[15] 论述了 n 次数值域的连续性、连通性等性质，以及算子函数的 n 次数值域.

目前，对算子矩阵 n 次数值域的研究，越来越引起人们的关注. 2009 年，Guo，Liu 和 Wang[16]研究了矩阵多项式的 n 次数值域的谱包含性质及其边界等问题. 2014 年，Radl[17]等介绍了 Hilbert 空间上解析算子函数的 n 次数值域，给出其谱包含的性质，估计了解析函数预解式的范数. 2015 年，Radl[18]研究了正算子和Perron 多项式的 n 次数值域. 2017 年，Zangiabadi 和 Afshin[19]把数值域的一些经典结果推广到 n 次数值域，给出关于不可约非负矩阵的 Perron-Frobenius 定理的一种简单的证明. 2018 年，Radl 和 Wolff[20]研究了 Banach 空间上有界线性算子的 n 次数值域，证明算子的谱包含于 n 次数值域，但在分解加细的条件下，相应的 n 次数值域的谱包含性只在特殊情形下成立. 同年，Yu 和 Chen[21]解决了 Salemi 猜想关于在近似酉等价意义下的正规算子的情形，即对角算子情形. Radl 和 Wolff[22]给出了 Banach 空间上有界线性算子的 n 次数值域至多有 n 个连通分支。

1.4 正规算子类的研究

目前，正规算子的理论研究已经趋于成熟. 谱定理成为 Hilbert 空间上算子理论的一个里程碑，能完整地提供正规算子的结构性质. 例如，根据有限维 Hilbert 空间$\mathcal{H}$上正规算子 T 的谱定理，T 可被对角化. 具体地，令 λ_1，…，λ_n 是 T 的不同的特征值，E_k 是$\mathcal{H}$到 $\ker(T-\lambda_k)(1\leqslant k\leqslant n)$上的正交投影，则 $T=\sum_{k=1}^{n}\lambda_k E_k$. 引进谱测度，无穷维 Hilbert 空间$\mathcal{H}$上正规算子的谱定理为 $T=\int z\mathrm{d}E(z)$ 是 T 的谱分解(见文献[23]).

拟正规算子，自 1953 年被 Brown[24]介绍以来，受到学者的广泛关注. 拟正规算子是 T 与 T^*T 可交换的算子类，是一类比较容易理解的次正规算子. 显然，正规算子是拟正规算子. 1950 年，Halmos[25]介绍了次正规算子和亚正规算子，次正规算子是有正规扩张的算子类. Conway[26]详细地研究了次正规算子，并给出次正规算子的很多性质. 次正规算子类是亚正规算子类的真子集. 事实上，存在不是次正规的亚正规算子. 例如，若 $T=U^*+2U$(其中 U 是单边移位算子)，则 T 是亚正规算子，但不是次正规算子[27]. 亚正规算子的谱半径与范数相等，亚正规算子的孤立谱点是点谱[28]. 1984 年，Putnam[29]给出了每一个亚正规算子都是次标量的. 1987 年，Brown[30]应用了此结果，证明了具有厚谱的亚正规算子有非平凡的不变子空间. 有关亚正规算子的更多性质见文献[28，31-34]. 1967 年，Istratescu[35]给出了仿正规算子的定义，即

$$\|T^2v\|\geqslant\|Tv\|^2,\ v\in\mathcal{H},\ \|v\|=1,$$

以研究仿正规算子类和其他算子类之间的关系，亚正规算子是仿正规算子.

习惯上，若算子 A，$B\in\mathcal{B}(\mathcal{H})$，则它们的换位子被记为

$$[A, B] := AB - BA.$$

特别地，换位子$[A^*, A] := A^*A - AA^*$被称为A的自换位子. 众所周知，算子$N \in \mathcal{B}(\mathcal{H})$被称为正规算子，若$N$与$N^*$可交换. 等价地，$N$是正规算子，若它的自换位子$[N^*, N] = 0$. 正规性的一般意义下的推广有：一个算子$T \in \mathcal{B}(\mathcal{H})$被称为半正规算子，若它的自换位子$D := [T^*, T]$是半定的，当$D \geqslant 0$时，算子$T$被称为亚正规算子；当$D \leqslant 0$时，算子$T$被称为协亚正规算子. 显然，亚正规算子类的共轭算子是协亚正规算子类. Clancey[33]详细地介绍了半正规算子的相关性质. 1974 年，Halmos[36]引进了凸型算子的概念，凸型算子是指数值域的闭包与谱的凸包相等的算子类，是数值域和谱密切相关的一类算子. 正规算子是凸型算子. 孙善利[37]给出了每一个有界线性算子都可以被分解为凸型算子与完全非凸型算子的正交直和，每一个亚正规算子都是凸型算子，每一个半正规算子也是凸型算子(见文献[11, 33, 38-39]).

谱算子的概念于 1954 年被引进，是矩阵 Jordan 标准型在无穷维的推广[40]. 由谱理论可知，Hilbert 空间上的所有正规算子都是谱算子[41]. 谱算子也是正规算子的推广. 有关谱算子的更多性质见文献[42]. 正规算子类及其一些相关算子类的包含关系见图 1.4.1.

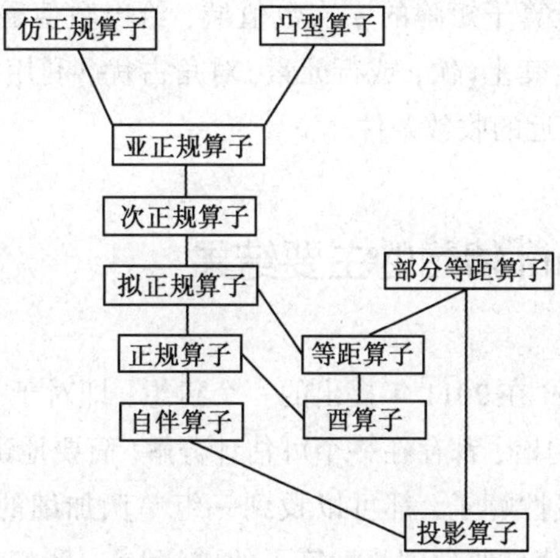

图 1.4.1　正规算子类及其一些相关算子类的包含关系图

1.5　算子矩阵的 n 次数值域的数值逼近

Hilbert 空间上的算子矩阵是以线性算子为其内部元素的矩阵，算子矩阵的谱、数值域、可逆性、特征函数系的完备性等诸多性质的研究，在数学物理学和力学等诸多领域中均有广泛的应用. 无界算子矩阵为求解混合阶和混合型的偏微分方程的耦合系统提供了一种有效的途径，无界算子矩阵的谱理论对研究微分系统适定性具有十分重要的作用.

在研究 Salemi 猜想的过程中，发现对一般的有界线性算子，可估计分解的存在性很难验证，并且谱的数值逼近有时不精准. 为进一步分析 n 次数值域，并解决 Salemi 猜想，从而得到算子矩阵的谱的分布信息，我们考虑利用投影法数值逼近算子矩阵的 n 次数值域.

数值逼近方法中有一类很重要的方法是投影法. 本书的投影法将 Hilbert 空间投影到其有限维子空间. 该方法也被称为正交 Galerkin 法(简记为⊥-Galerkin). 采用投影法逼近自伴算子的谱，会出现两个问题：第一，每一个谱点是否可以任意精度地逼近；第二，逼近过程中是否会产生额外的伪谱点. 通常，确保逼近所有的谱点比避免产生额外的伪谱点(也称“谱污染”)要容易得多. 2012 年，Muhammad 和 Marletta 利用投影法逼近(有限)算子矩阵的二次数值域. 对二次数值域和数值域，避免产生伪谱点要比确保逼近所有的谱点容易. 在非常弱的条件下，投影法总是生成二次数值域的子集. 当要确保生成整个二次数值域时，只需增加一些额外的假定条件.

相比二次数值域，我们考虑利用投影法如何逼近算子矩阵的 n 次数值域，并将问题简化为计算(有限)分块矩阵的 n 次数值域. n 次数值域的情形与二次数值域的情形类似，增加一些额外的条件就可以生成算子矩阵的整个 n 次数值域. 对于有界算子矩阵，我们利用投影法逼近算子矩阵的 n 次数值域，给出数值逼近的收敛条件. 对无界算子矩阵，我们总是假定其主(次，或行元素)对角占优，利用投影法逼近算子矩阵的 n 次数值域，给出数值逼近的收敛条件.

1.6 对 Salemi 猜想的主要结果

本书研究了 A. Salemi 在 2011 年提出的一个猜想，即对于无穷维可分 Hilbert 空间上的任意有界线性算子的谱，都存在一个可估计分解. 简要地讲，对于无穷维可分 Hilbert 空间上的任意有界线性算子，都可以找到一组单调加细的空间分解列(或完全分解列)，让相应的 n 次数值域收敛到线性算子的谱. 目前，我们部分地解决了这个问题.

本书利用投影法数值逼近有界和无界算子矩阵的 n 次数值域，解决了 Salemi 猜想的部分情形. 主要结果的脉络图如图 1.6.1 所示.

(1)研究 A. Salemi 猜想，即对于无穷维可分 Hilbert 空间上的任意有界线性算子，均存在一个可估计分解，使其 n 次数值域收敛到谱集. 对此猜想，给出如下结果：

第一，对于无穷维可分 Hilbert 空间上的对角算子，可以考虑通过分解其所有的特征向量来达到分解空间的目的，进而给出它的可估计分解，即解决了 Salemi 猜想关于对角算子成立的问题.

第二，对于双边移位算子，找到 Hilbert 空间的一组特殊的标准正交基，虽然关于

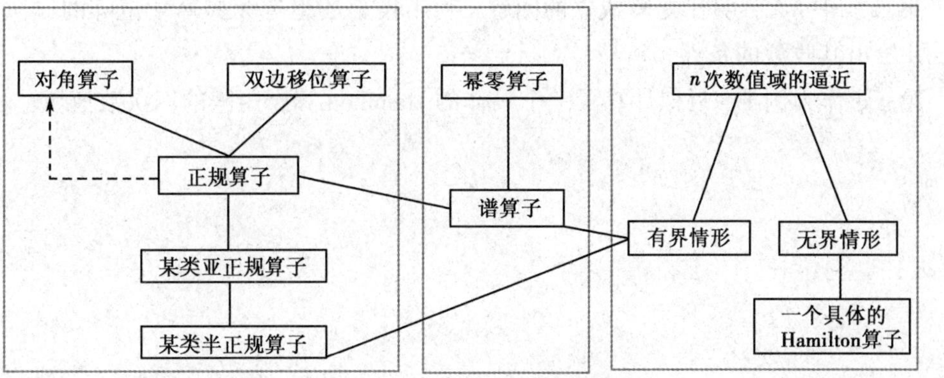

图 1.6.1 主要结果的脉络图

这组基的任何一个完全分解都不是可估计的，但是可以考虑其他组的基. 事实上，任意两组标准正交基都是酉等价的，故可以考虑在近似酉等价的条件下 Salemi 猜想关于正规算子成立的问题. 事实上，根据 Weyl-von Neumann-Berg 定理，此时它退化为对角算子成立的问题.

第三，进一步研究无穷维可分 Hilbert 空间上的正规算子，利用谱测度，去除近似酉等价的条件，直接给出它的可估计分解，彻底地解决了 Salemi 猜想关于正规算子成立的问题.

第四，研究无穷维可分 Hilbert 空间上的具有完全不连通谱的亚正规算子，利用 Riesz 投影，给出它的可估计分解，解决了 Salemi 猜想关于具有完全不连通谱的亚正规算子成立的问题. 由亚正规情形的 Putnam 不等式可知，谱的面积为零的亚正规算子是正规算子，再利用谱集及一些代数的相关性质，解决了 Salemi 猜想关于几类特殊的亚正规算子(退化为正规算子)成立的问题.

第五，根据半正规算子也是凸型算子的性质，利用 Riesz 投影，直接解决了 Salemi 猜想关于具有完全不连通谱的半正规算子成立的问题. 由半正规情形的 Putnam 不等式可知，谱的面积为零的半正规算子是正规算子，解决了 Salemi 猜想关于一类特殊的半正规算子(退化为正规算子)成立的问题.

第六，进一步解决了 Salemi 猜想关于幂零算子、一类特殊的谱算子成立的问题，给出其可估计分解. 因为任意一个拟幂零算子都可以在范数极限意义下用幂零算子一致逼近，所以在范数极限意义下解决了拟幂零算子成立的问题.

第七，在拟幂零等价意义下解决了 Salemi 猜想关于谱算子成立的问题.

(2)在研究 Salemi 猜想的过程中，对于一般的有界线性算子，可估计分解的存在性是很难验证的，并且谱的数值近似可能也不可靠. 为了更好地解决 Salemi 猜想，获得谱的相关信息，考虑如何利用投影法计算算子矩阵的 n 次数值域，并将问题简化为计算(有限)分块矩阵的情形.

第一，研究有界算子矩阵成立的问题，利用投影法逼近有界算子矩阵的 n 次数值域，并给出其收敛的条件.

第二, 研究无界算子矩阵成立的问题, 利用投影法逼近无界算子矩阵的 n 次数值域, 并给出其收敛的条件.

第三, 作为例子, 近似计算了一个具体的 Hamilton 算子矩阵的四次数值域.

第 2 章　基本概念

本章重点介绍本书涉及的一些基本概念，简要给出 Hilbert 空间及 Hilbert 空间中线性算子的谱、数值域和 n 次数值域，以及一些基本性质.

2.1　Hilbert 空间中线性算子的谱

众所周知，线性空间中向量间不仅具备代数结构——加法和数乘，而且具有距离诱导出的拓扑结构. 然而，线性空间的框架结构难以解答某些问题，如元素间的“长度”和“夹角”等. 因而，需要对线性空间进一步赋予几何结构.

在实数域上，运用求极限运算能够刻画函数众多重要的性质，如连续性、可微性、可积性及级数等，而极限运算的前提条件是元素间要有距离的定义. 在不同距离的定义下，同一数列的敛散性会不同. 数学中一个重要的研究方法是对问题的本质特征进行提炼，然后给予更一般的抽象概括，使它能够运用于更广泛的研究对象. 下面根据距离的本质特征，给出距离和距离空间的概念.

定义 2.1.1　设 $\mathcal{X}$ 是非空集合，对于任意 $f, g\in\mathcal{X}$，有一实数 $d(f, g)$ 与之对应且满足

(1) $d(f, g)\geqslant 0$；

(2) $d(f, g)=0$，当且仅当 $f=g$；

(3) $d(f, g)=d(g, f)$；

(4) $d(f, g)\leqslant d(f, h)+d(h, g)$，$h\in\mathcal{X}$，

则称 $d(f, g)$ 为 $\mathcal{X}$ 中的距离，称定义了距离 d 的集合 $\mathcal{X}$ 为距离空间，记为 $(\mathcal{X}, d)$，或简记为 $\mathcal{X}$.

注(定义 2.1.1)　对于同一个集合，根据不同的问题，可定义不同的距离. 不同的距离直接决定整个空间中数列的敛散性，进而影响空间的完备性.

例 2.1.1　在 $\mathbb{R}^n$ 上，分别定义

$$d_1(\boldsymbol{\xi}, \boldsymbol{\eta})=\sum_{k=1}^{n}|\xi_k-\eta_k|,$$

$$d_{\infty}(\boldsymbol{\xi}, \boldsymbol{\eta}) = \max\{|\xi_1-\eta_1|, \cdots, |\xi_n-\eta_n|\},$$

其中, $\boldsymbol{\xi}=(\xi_1, \xi_2, \cdots, \xi_n)$, $\boldsymbol{\eta}=(\eta_1, \eta_2, \cdots, \eta_n) \in \mathbb{R}^n$. 容易验证, $(\mathbb{R}^n, d_1)$和$(\mathbb{R}^n, d_{\infty})$均为距离空间.

2.1.1 Hilbert 空间及线性算子

在线性空间中, 引进"范数"概念, 并给出赋范线性空间的定义.

定义 2.1.2 设$\mathcal{X}$是数域$\mathbb{K}$上的线性空间, 若函数$\|\cdot\|: \mathcal{X}\to\mathbb{R}$满足

(1) 对于任意$f\in\mathcal{X}$, $\|f\|\geqslant 0$;

(2) $\|f\|=0$, 当且仅当$f=0$;

(3) 对于任意$f\in\mathcal{X}$, $\alpha\in\mathbb{K}$, $\|\alpha f\|=|\alpha|\cdot\|f\|$;

(4) 对于任意$f, g\in\mathcal{X}$, $\|f+g\|\leqslant\|f\|+\|g\|$,

则称$\|\cdot\|$为$\mathcal{X}$上的范数, 称定义了范数的线性空间$\mathcal{X}$为赋范线性空间, 记为$(\mathcal{X}, \|\cdot\|)$, 或简记为$\mathcal{X}$.

注(定义 2.1.2) 上述定义的范数即$\mathcal{X}$中向量的模(或称长度). 显然, 线性空间中可定义不同的范数.

例 2.1.2 在n维复向量集合$\mathbb{C}^n=\{\boldsymbol{\xi}: \boldsymbol{\xi}=(\xi_1, \xi_2, \cdots, \xi_n), \xi_i\in\mathbb{C}\}$上, 对于任意$\boldsymbol{\xi}=(\xi_1, \xi_2, \cdots, \xi_n)$, $\boldsymbol{\eta}=(\eta_1, \eta_2, \cdots, \eta_n)\in\mathbb{C}^n$, 定义加法和数乘运算

$$\boldsymbol{\xi}+\boldsymbol{\eta}=(\xi_1, \xi_2, \cdots, \xi_n)+(\eta_1, \eta_2, \cdots, \eta_n)=(\xi_1+\eta_1, \xi_2+\eta_2, \cdots, \xi_n+\eta_n),$$

$$\alpha\boldsymbol{\xi}=\alpha(\xi_1, \xi_2, \cdots, \xi_n)=(\alpha\xi_1, \alpha\xi_2, \cdots, \alpha\xi_n),$$

则$\mathbb{C}^n$是线性空间. 若进一步定义范数

$$\|\boldsymbol{\xi}\|_1=\left(\sum_{k=1}^{n}|\xi_k|^2\right)^{\frac{1}{2}}, \boldsymbol{\xi}=(\xi_1, \xi_2, \cdots, \xi_n)\in\mathbb{C}^n,$$

则容易验证$(\mathbb{C}^n, \|\cdot\|_1)$是一个赋范线性空间, 也可定义范数

$$\|\boldsymbol{\xi}\|_2=\max_{1\leqslant k\leqslant n}|\xi_k|, \boldsymbol{\xi}=(\xi_1, \xi_2, \cdots, \xi_n)\in\mathbb{C}^n.$$

容易验证$(\mathbb{C}^n, \|\cdot\|_2)$也是一个赋范线性空间. 然而, 由于定义的范数不同, 因此$(\mathbb{C}^n, \|\cdot\|_1)$和$(\mathbb{C}^n, \|\cdot\|_2)$是不同的赋范线性空间.

例 2.1.3 考虑区间$[a, b]$上的连续函数全体, 即

$$C[a, b]=\{f(t) \mid f(t)\text{是}[a, b]\text{上的连续函数}\}$$

在 $C[a, b]$上，对于任意$f(t)$，$g(t) \in C[a, b]$，定义加法和数乘运算

$$(f+g)(t)=f(t)+g(t),$$

$$(\alpha f)(t)=\alpha f(t),$$

则 $C[a, b]$是线性空间. 若进一步定义

$$\|f\|_1=\max_{a\leqslant t\leqslant b}|f(t)|, f(t)\in C[a, b],$$

则容易验证$(C[a, b], \|\cdot\|_1)$是一个赋范线性空间. 也可定义范数

$$\|f\|_2=\left(\int_a^b|f(t)|^2\mathrm{d}x\right)^{\frac{1}{2}}, f(t)\in C[a, b],$$

容易验证$(C[a, b], \|\cdot\|_2)$也是一个赋范线性空间.

例 2.1.4　考虑集合 $L^p[a, b]=\left\{f(t)\ |f(t)\text{是区间}[a, b]\text{上的可测函数}, \text{且}\int_a^b|f(t)|^p\mathrm{d}t<\infty\right\}$，其中$1\leqslant p\leqslant\infty$. 在例 2. 1. 3 的加法与数乘运算下，$L^p[a, b]$构成线性空间. 令

$$\|f\|=\left(\int_a^b|f(t)|^p\mathrm{d}t\right)^{\frac{1}{p}}, f\in L^p[a, b].$$

对于任意f, $g\in L^p[a, b]$，易证 $\|f\|\geqslant 0$，且有 $\|f\|=0$，当且仅当$f=0$；又

$$\left(\int_a^b|\alpha f(t)|^p\mathrm{d}t\right)^{\frac{1}{p}}=|\alpha|\left(\int_a^b|f(t)|^p\mathrm{d}t\right)^{\frac{1}{p}},$$

$$\left(\int_a^b|f(t)+g(t)|^p\mathrm{d}t\right)^{\frac{1}{p}}\leqslant\left(\int_a^b|f(t)|^p\mathrm{d}t\right)^{\frac{1}{p}}+\left(\int_a^b|g(t)|^p\mathrm{d}t\right)^{\frac{1}{p}},$$

则

$$\|\alpha f\|=|\alpha|\cdot\|f\|,$$

$$\|f+g\|\leqslant\|f\|+\|g\|.$$

综上，$L^p[a, b]$是赋范线性空间.

例 2.1.5　考虑集合 $l^p=\left\{\xi=\{\xi_k\}\left|\sum_{k=1}^{n}|\xi_k|^p<\infty\right.\right\}(1\leqslant p\leqslant\infty)$，对于任意 $\xi=\{\xi_k\}$，$\eta=\{\eta_k\}\in l^p$，定义加法和数乘运算

$$\xi+\eta=\{\xi_k+\eta_k\},\ \alpha\xi=\{\alpha\xi_k\},$$

则 l^p 是线性空间. 令

$$\|\xi\|=\left(\sum_{k=1}^{\infty}|\xi_k|^p\right)^{\frac{1}{p}},\ \xi=\{\xi_k\}\in l^p.$$

易证 $\|\xi\|\geqslant 0$, 且 $\|\xi\|=0$, 当且仅当 $\xi_k=0(k=0,\ 1,\ \cdots)$, 即 $\xi=0$. 又

$$\left(\sum_{k=1}^{\infty}|\alpha\xi_k|^p\right)^{\frac{1}{p}}=|\alpha|\left(\sum_{k=1}^{\infty}|\xi_k|^p\right)^{\frac{1}{p}},$$

$$\left(\sum_{k=1}^{\infty}|\xi_k+\eta_k|^p\right)^{\frac{1}{p}}\leqslant\left(\sum_{k=1}^{\infty}|\xi_k|^p\right)^{\frac{1}{p}}+\left(\sum_{k=1}^{\infty}|\eta_k|^p\right)^{\frac{1}{p}},$$

则

$$\|\alpha\xi\|=|\alpha|\cdot\|\xi\|,$$

$$\|\xi+\eta\|\leqslant\|\xi\|+\|\eta\|.$$

综上, l^p 是赋范线性空间.

范数是将空间中向量 $\boldsymbol{f}$ 映射为实数 $\|f\|$ 的函数, 因此, 它可以诱导出赋范线性空间 $\mathcal{X}$ 上两个向量之间的距离.

定理 2.1.1 赋范线性空间是距离空间.

注(定理 2.1.1) 对于赋范线性空间$(\mathcal{X},\ \|\cdot\|)$, 若令

$$d(f,\ g)=\|f-g\|,\ f,\ g\in\mathcal{X},$$

则根据范数的性质, 有

(1) $d(f,\ g)=\|f-g\|\geqslant 0$;

(2) $d(f,\ g)=\|f-g\|=0$, 当且仅当 $f=g$;

(3) $d(g,\ f)=\|g-f\|\leqslant|-1|\ \|f-g\|=\|f-g\|=d(f,\ g)$;

(4) $d(f,\ g)=\|f-g\|\leqslant\|f-h\|+\|h-g\|=d(f,\ h)+d(h,\ g)$, $h\in\mathcal{X}$.

显然,

$$d(f,\ g)=\|f-g\|,\ f,\ g\in\mathcal{X}$$

是 $\mathcal{X}$ 上由范数诱导的距离, 所以$(\mathcal{X},\ d(\cdot,\cdot))$是距离空间.

范数能够诱导距离, 且由范数诱导的距离满足

$$d(f+h, g+h)=d(f, g),$$

$$d(\alpha f, \alpha g)=|\alpha| d(f, g), f, g, h \in \mathcal{X}, \alpha \in \mathbb{K}.$$

因此，并非任何一个距离均由范数诱导. 例如，对$\mathcal{X}=\{\boldsymbol{\xi}=(\xi_1, \xi_2, \cdots, \xi_n, \cdots) \mid \xi_i \in \mathbb{C}, i=1, 2, \cdots\}$定义

$$d(\boldsymbol{\xi}, \boldsymbol{\eta})=\sum_{k=1}^{\infty} \frac{1}{2^k} \cdot \frac{|\xi_k-\eta_k|}{1+|\xi_k-\eta_k|},$$

其中，$\boldsymbol{\xi}=(\xi_1, \xi_2, \cdots, \xi_n, \cdots)$，$\boldsymbol{\eta}=(\eta_1, \eta_2, \cdots, \eta_n, \cdots) \in \mathcal{X}$. 容易验证$(\mathcal{X}, d(\cdot,\cdot))$是距离空间，但当 $\alpha \neq 0$ 时，

$$d(\alpha \boldsymbol{\xi}, 0) \neq |\alpha| d(\boldsymbol{\xi}, 0),$$

因此，距离 $d(\cdot,\cdot)$ 不是由某个范数诱导出的.

定义 2.1.3　设$\mathcal{X}$是赋范线性空间，$\{f_n\} \subset \mathcal{X}$，$f \in \mathcal{X}$，若

$$\|f_n-f\| \rightarrow 0, n \rightarrow \infty,$$

则称$\{f_n\}$依范数收敛于f，记作$f_n \xrightarrow{\|\cdot\|} f(n \rightarrow \infty)$或$\lim\limits_{n \rightarrow \infty} f_n=f$.

注(定义 2.1.3)　由于$d(f_n, f)=\|f_n-f\|$，故依范数收敛等价于依范数诱导的距离下收敛.

定义 2.1.4　设$\mathcal{X}$是距离空间，$\{f_n\} \subset \mathcal{X}$，若对于任意 $\varepsilon>0$，存在正数 N，当 $n, m>N$ 时，都有 $d(f_n, f_m)<\varepsilon$，则称$\{f_n\}$是$\mathcal{X}$中的 Cauchy 列.

定义 2.1.5　若距离空间$\mathcal{X}$中每个 Cauchy 列均在$\mathcal{X}$中收敛，则称$\mathcal{X}$是完备的.

注(定义 2.1.5)　若距离空间中任何一个收敛序列是 Cauchy 列，则完备距离空间的任何一个闭子空间都是完备的.

定义 2.1.6　完备的赋范线性空间称为 Banach 空间.

要确认空间$\mathcal{X}$是 Banach 空间，可按照以下三个步骤进行验证：

(1)任意选取一个 Cauchy 列$\{f_n\} \subset \mathcal{X}$；

(2)证明 Cauchy 列$\{f_n\}$存在收敛子列$\{f_{n_k}\} \subset \{f_n\}$，$\lim\limits_{k \rightarrow \infty}\{f_{n_k}\}=f_0$ 且 $f_0 \in \mathcal{X}$；

(3)证明$\lim\limits_{n \rightarrow \infty}\{f_n\}=f_0$.

赋范线性空间$\mathbb{C}^n$，$C[a, b]$，$L^p[a, b]$，l^p 均为 Banach 空间.

注(定义 2.1.6)　$C[a, b]$按照范数$\|f\|_2=\left(\int_a^b|f(x)|^2 \mathrm{d} x\right)^{\frac{1}{2}}$不完备. 例如，取 $c \in [a, b]$，令

$$f(t)=\begin{cases}-1,\ t\in[a,\ c),\\0,\ t=c,\\1,\ t\in(c,\ b].\end{cases}$$

显然，$f(t)\notin C[a,\ b]$. 但

$$\left(\int_a^b|f(t)|^2\mathrm{d}t\right)^{\frac{1}{2}}=\int_a^b 1\mathrm{d}t=a-b<\infty,$$

故$f(t)\in L^2[a,\ b]$. 又因为$C[a,\ b]$在$L^2[a,\ b]$中稠密，因此存在$\{f_n\}\subset C[a,\ b]$，使得

$$f_n(t)\xrightarrow{\|\cdot\|_2}f(t),\ n\to\infty,$$

但$f(t)\notin C[a,\ b]$，所以$C[a,\ b]$按照范数$\|\cdot\|_2$不完备，而在$C[a,\ b]$中添加一些新元素后的空间$L^2[a,\ b]$是完备的.

例 2.1.6 $l^p(1\leqslant p<\infty)$在范数$\|\xi\|_p=\left(\sum\limits_{i=1}^{\infty}|\xi_i|^p\right)^{\frac{1}{p}}(\xi\in l^p)$下完备，$C[a,\ b]$按照范数$\|\xi\|_1=\max\limits_{a\leqslant t\leqslant b}|\xi(t)|(\xi(t)\in C[a,\ b])$完备，$L^p[a,\ b]$在范数$\|\xi\|=\left(\int_a^b|\xi(t)|^p\mathrm{d}t\right)^{\frac{1}{p}}(\xi\in L^p[a,\ b])$下完备.

定理 2.1.2 设$(\mathcal{X},\ \|\cdot\|)$是赋范线性空间，则

(1)对于任意$f,\ g\in\mathcal{X}$，有

$$|\|g\|-\|f\||\leqslant\|g-f\|.$$

(2) $\|\cdot\|$是连续函数.

(3)若$f_n\xrightarrow{\|\cdot\|}f$, $g_n\xrightarrow{\|\cdot\|}g(n\to\infty)$，则$f_n+g_n\xrightarrow{\|\cdot\|}f+g(n\to\infty)$；若$\alpha_n\to\alpha$, $f_n\xrightarrow{\|\cdot\|}f(n\to\infty)$，则$\alpha_n f_n\xrightarrow{\|\cdot\|}\alpha f(n\to\infty)$.

证明 略.

在赋范空间中，同样可以引进“基”的概念.

定义 2.1.7 设$\mathcal{X}$是赋范线性空间，若存在$\{f_1,\ f_2,\ \cdots,\ f_n\}\subset\mathcal{X}$，使得任意$f(f\in\mathcal{X})$都可唯一地表示为

$$f=\sum_{k=1}^{n}\lambda_k f_k,\ \lambda_k\in\mathbb{K},$$

则称 $\{f_1, f_2, \cdots, f_n\}$ 为 $\mathcal{X}$ 的一组基，称 $\lambda_1, \lambda_2, \cdots, \lambda_n$ 为 f 在基 $\{f_1, f_2, \cdots, f_n\}$ 下的坐标，n 为 $\mathcal{X}$ 的维数，记为 $\dim \mathcal{X}=n$.

若 $\dim \mathcal{X}<\infty$，则称 $\mathcal{X}$ 为有限维赋范线性空间；若 $\mathcal{X}$ 不是有限维赋范线性空间，则称 $\mathcal{X}$ 为无限维赋范线性空间.

定义 2.1.8　设 $\mathcal{X}$，$\mathcal{Y}$ 为赋范线性空间，若存在线性双射 T：$\mathcal{X}\to\mathcal{Y}$ 满足 T 和 T^{-1} 都连续，则称 $\mathcal{X}$ 与 $\mathcal{Y}$ 同构，称 T 为 $\mathcal{X}$ 到 $\mathcal{Y}$ 的同构映射. 进一步，若有

$$\|Tf\| = \|f\|, f\in \mathcal{X},$$

则称 $\mathcal{X}$ 与 $\mathcal{Y}$ 等距同构.

引理 2.1.1　设 $\mathcal{X}$，$\mathcal{Y}$ 为赋范线性空间，T：$\mathcal{X}\to\mathcal{Y}$ 为满射，则 T 是 $\mathcal{X}$ 到 $\mathcal{Y}$ 的同构映射，当且仅当存在 a，$b>0$，使得

$$a\|f\| \leqslant \|Tf\| \leqslant b\|f\|, f\in \mathcal{X}. \tag{2.1.1}$$

证明　由于 $\|Tf\| \geqslant a\|f\|$，即 $\|T^{-1}g\| \leqslant \dfrac{1}{a}\|g\|$，根据线性算子的连续性和有界性的等价关系，只需证明 T 是单射. 若 $Tf_1=Tf_2$，则由式(2.1.1)可知

$$a\|f_1-f_2\| \leqslant \|T(f_1-f_2)\| = \|Tf_1-Tf_2\| =0.$$

由 $a>0$ 可知，$\|f_1-f_2\|=0$，进而 $f_1=f_2$，所以 T 是单射.

定理 2.1.3　n 维赋范线性空间与 $\mathbb{R}^n$ 同构.

证明　略.

2.1.2　Hilbert 空间中线性算子的谱

线性算子谱理论无论是在理论研究，还是在实际应用中，都具有重要作用. 谱的研究对了解和刻画线性算子非常重要. 线性算子的谱在本质上刻画了线性算子的作用方式，并反映了线性算子本身是否有逆算子、在什么条件下有逆算子、逆算子是否有界等问题.

定义 2.1.9　设 T 是 Hilbert 空间 $\mathcal{X}$ 到 Hilbert 空间 $\mathcal{Y}$ 的线性算子，若存在常数 $M>0$，使得对于任意 $f\in \mathcal{D}(T)$，有

$$\|Tf\| \leqslant M\|f\|,$$

则称线性算子 T 是有界的，否则称线性算子 T 为无界的. 若对于 $f_0, f_n\in \mathcal{D}(T)$，当 $f_n\to f_0$ 时，$Tf_n\to Tf_0$，则称 T 在 f_0 处连续；若 T 在 $\mathcal{D}(T)$ 上连续，则称 T 是连续的.

在 Hilbert 空间中，线性算子的有界性与连续性是等价的.

定理 2.1.4 设 T 是 Hilbert 空间 $\mathcal{X}$ 到 Hilbert 空间 $\mathcal{Y}$ 的线性算子，则下列条件等价：

(1) T 是有界的；

(2) T 是连续的；

(3) T 在 0 处连续.

证明 略.

定义 2.1.10 设 T 是 Hilbert 空间 $\mathcal{X}$ 到 Hilbert 空间 $\mathcal{Y}$ 的有界线性算子，则称

$$\|T\| = \sup_{\substack{f\in\mathcal{D}(T)\\ f\neq 0}} \frac{\|Tf\|}{\|f\|}$$

为算子 T 的范数.

注(定义 2.1.10)a 由于 T 是有界的，可得

$$\|T\| = \sup_{\substack{f\in\mathcal{D}(T)\\ f\neq 0}} \frac{\|Tf\|}{\|f\|} \leqslant \sup_{\substack{f\in\mathcal{D}(T)\\ f\neq 0}} \frac{M\|f\|}{\|f\|} \leqslant M.$$

再由 $\dfrac{\|Tf\|}{\|f\|} \leqslant \|T\|$ 可知，

$$\|Tf\| \leqslant \|T\|\cdot\|f\|,$$

即 $\|T\|$ 是使得 $\|Tf\| \leqslant M\cdot\|f\|$ 成立的最小的 M，于是

$$\|T\| = \inf\{M:\ \|Tf\| \leqslant M\cdot\|f\|,\ f\in\mathcal{D}(T)\}.$$

注(定义 2.1.10)b 若有界线性算子 T：$\mathcal{D}(T)\subset\mathcal{X}\to\mathcal{Y}$ 的定义域 $\mathcal{D}(T)=\mathcal{X}$，则称 T 是从 $\mathcal{X}$ 上到 $\mathcal{Y}$ 的有界线性算子. 全体由从 $\mathcal{X}$ 到 $\mathcal{Y}$ 的有界线性算子构成的空间记为 $\mathcal{B}(\mathcal{X},\mathcal{Y})$. 若 $\mathcal{X}=\mathcal{Y}$，则可简记为 $\mathcal{B}(\mathcal{X})$.

下面例 2.1.7～例 2.1.10 是有界线性算子的举例.

例 2.1.7 考虑矩阵 $\boldsymbol{A}=(a_{ij})_{n\times n}$，$(i, j=1, 2, \cdots, n)$，对于任意 $\boldsymbol{\alpha}\in\mathbb{C}^n$，$\boldsymbol{\alpha}=(\alpha_1, \alpha_2, \cdots, \alpha_n)$，令

$$\boldsymbol{\beta}=\boldsymbol{A}\boldsymbol{\alpha}=(\beta_1, \beta_2, \cdots, \beta_n),\ \beta_i=\sum_{j=1}^{n} a_{ij}\alpha_i,\ i=1, 2, \cdots, n.$$

易知 $\boldsymbol{A}$：$\mathbb{C}\to\mathbb{C}$ 是线性的. 另外，由 Cauchy 不等式得

$$\boldsymbol{\beta}=\boldsymbol{A}\boldsymbol{\alpha}=\left(\sum_{i=1}^{n}\left|\sum_{j=1}^{n} a_{ij}\alpha_i\right|^2\right)^{\frac{1}{2}} \leqslant \left(\sum_{i=1}^{n}\sum_{j=1}^{n}|a_{ij}|^2\right)^{\frac{1}{2}}\cdot\left(\sum_{j=1}^{n}|\alpha_i|^2\right)^{\frac{1}{2}} = M\|\boldsymbol{\alpha}\|,$$

其中，$M=\left(\sum_{i=1}^{n}\sum_{j=1}^{n}|a_{ij}|^2\right)^{\frac{1}{2}}$，可知 $\boldsymbol{A}$ 是有界的.

例 2.1.8　设 T 是从 $C[0,1]$ 到实数 $\mathbb{R}$ 的一个映射，即

$$T(f)=f(0),\ f\in C[0,1],$$

则 T 是一个有界线性泛函. 显然 T 是线性的，并且

$$|T(f)|=|f(0)|\leqslant\sup\{|f(t)|: t\in[0,1]\}=\|f\|.$$

所以 $\|T\|\leqslant 1$. 另外，对于 $f_0(t)\equiv 1\in C[0,1]$，有

$$T(f_0)=1=\|f\|,$$

于是 $\|T\|=1$.

例 2.1.9　设 $g_0(t)$ 是 $[a,b]$ 上的连续函数，对于任意 $f\in C[a,b]$，定义

$$\phi(f)=\int_a^b f(t)g_0(t)\,\mathrm{d}t$$

则 ϕ 是 $C[a,b]$ 上的线性泛函，易知 ϕ 是线性的. 又因

$$|\phi(f)|\leqslant\int_a^b|f(t)g_0(t)|\,\mathrm{d}t\leqslant\int_a^b|g_0(t)|\max_{a\leqslant t\leqslant b}|f(t)|\,\mathrm{d}t=\left(\int_a^b|g_0(t)|\,\mathrm{d}t\right)\|f\|,$$

故 $\|\phi\|\leqslant\int_a^b|g_0(t)|\,\mathrm{d}t$. 此外，取 $f_0(t)\equiv 1$，则有

$$\phi(f_0)=\int_a^b|g_0(t)|\,\mathrm{d}t,$$

于是 $\|\phi\|=\int_a^b|g_0(t)|\,\mathrm{d}t$.

例 2.1.10　设 $\mathcal{X}=L^p(-\infty,+\infty)$，定义 $K: \mathcal{X}\to\mathcal{X}$，

$$g=Kf,$$

其中，$g(t)=\int_{-\infty}^{+\infty}k(t-\mu)f(\mu)\,\mathrm{d}\mu$，$t\in(-\infty,+\infty)$，则 K 是有界线性算子.

事实上，当 $p=1$ 时，有

$$\|g\|=\int_{-\infty}^{+\infty}|g(t)|\,\mathrm{d}t=\int_{-\infty}^{+\infty}\left|\int_{-\infty}^{+\infty}k(t-\mu)f(\mu)\,\mathrm{d}\mu\right|\mathrm{d}t$$

$$\leqslant \int_{-\infty}^{+\infty}\int_{-\infty}^{+\infty} |k(t-\mu)||f(\mu)| \mathrm{d}t\mathrm{d}\mu = \|k\|_1 \cdot \|f\|_1,$$

故 K 是从$\mathcal{X}$到它自身的有界线性算子.

当 $1<p\leqslant\infty$ 时，同理可证明 K 是从$\mathcal{X}$到它自身的有界线性算子.

下面的例 2.1.11 说明微分算子并非有界线性算子.

例 2.1.11 设$\mathcal{X}=C[0,1]$，定义 T: $\mathcal{D}(T)\subset\mathcal{X}\to\mathcal{X}$，

$$Tf=f'(t),$$

其中，$\mathcal{D}(T)=\{f(t)\in\mathcal{X}: f'(t)\in\mathcal{X}\}$，易证 T 是无界的. 事实上，令

$$f_n(t)=\sin nt\in\mathcal{D}(T),$$

则 $\|f_n\|=1$ 且 $T(\sin nt)=n\cos nt$. 于是

$$\|Tf_n\|=n\to\infty\ (n\to\infty),$$

因而 T 是无界的.

线性算子的共轭算子是算子理论中非常重要的内容，对研究算子的结构和谱的性质起到非常重要的作用. 在引进共轭算子之前，应先了解共轭双线性泛函的概念.

定义 2.1.11 设$\mathcal{X}$，$\mathcal{Y}$是 Hilbert 空间，称映射 ϕ: $\mathcal{X}\times\mathcal{Y}\to\mathbb{C}$ 为共轭双线性泛函，若它满足

(1) $\phi(kf_1+f_2, g)=k\phi(f_1, g)+\phi(f_2, g)$；

(2) $\phi(f, kg_1+g_2)=\bar{k}\phi(f, g_1)+\phi(f, g_2)$.

其中，$f_1, f_2, f\in\mathcal{X}$，$g_1, g_2, g\in\mathcal{Y}$.

定理 2.1.5 设$\mathcal{X}$和$\mathcal{Y}$是 Hilbert 空间，T: $\mathcal{X}\to\mathcal{Y}$是有界线性算子，则存在唯一的有界线性算子 T^*: $\mathcal{Y}\to\mathcal{X}$，使得 $\|T^*\|=\|T\|$ 且

$$(Tf, g)=(f, T^*g),\ f\in\mathcal{X},\ g\in\mathcal{Y}.$$

证明 略.

定义 2.1.12 设$\mathcal{X}$和$\mathcal{Y}$是 Hilbert 空间，T: $\mathcal{X}\to\mathcal{Y}$是有界线性算子，若有界线性算子 T^* 满足

$$(Tf, g)=(f, T^*g),\ f\in\mathcal{X},\ g\in\mathcal{Y},$$

则称 T^* 为 T 的共轭算子. 若 $T^*=T$，则称 T 为自伴算子.

例 2.1.12　定义线性算子 $T: \mathbb{C}^n \to \mathbb{C}^m$,

$$(T\alpha)(i)=\sum_{j=1}^{n} k_{ij}\alpha(j),\ i=1,2,\cdots,m,\ \alpha\in\mathbb{C}^n,$$

则经计算，可知 $T^*: \mathbb{C}^m \to \mathbb{C}^n$ 为

$$(T^*\boldsymbol{\beta})(j)=\sum_{i=1}^{n}\overline{k_{ij}}\boldsymbol{\beta}(i),\ j=1,2,\cdots,n,\ \boldsymbol{\beta}\in\mathbb{C}^m.$$

事实上，假设 $\boldsymbol{f}_1,\boldsymbol{f}_2,\cdots,\boldsymbol{f}_n$ 为 $\mathbb{C}^n$ 的单位向量，$\boldsymbol{g}_1,\boldsymbol{g}_2,\cdots,\boldsymbol{g}_m$ 为 $\mathbb{C}^m$ 的单位向量，给定 $\boldsymbol{\beta}\in\mathbb{C}^m$，设 $T^*\boldsymbol{\beta}=\alpha$，则

$$\alpha(j)=(\alpha, f_j)=(T^*\boldsymbol{\beta}, f_j).$$

因而

$$(T(f_j),\boldsymbol{\beta})=(f_j, T^*\boldsymbol{\beta})=\overline{\alpha(j)}. \tag{2.1.2}$$

但对于 $i=1,2,\cdots,m$，有

$$T(f_j)(i)=\sum_{r=1}^{n}k_{ir}f_j(r)=k_{ij}.$$

由于

$$(T(f_j),\boldsymbol{\beta})=\sum_{i=1}^{m}(Tf_j)(i)\boldsymbol{\beta}(i)=\sum_{i=1}^{m}k_{ij}\overline{\boldsymbol{\beta}(i)},$$

由式(2.1.2)可得

$$\alpha(j)=(\boldsymbol{\beta}, Tf_j)=\sum_{i=1}^{m}\overline{k_{ij}}\boldsymbol{\beta}(i),$$

即有

$$(T^*\boldsymbol{\beta})(j)=\sum_{i=1}^{m}\overline{k_{ij}}\boldsymbol{\beta}(i)$$

对 $j=1,2,\cdots,m$ 成立.

如果对于任意的 $g\in\mathcal{R}(T)$，有唯一的 $f\in\mathcal{D}(T)$ 使得 $g=Tf$，那么称 T 是单射. 此时可定义从值域 $\mathcal{R}(T)$ 到定义域 $\mathcal{D}(T)$ 的算子 T^{-1}，即 $f=T^{-1}g$. 很多数学问题都归结为求

解方程 $Tf=g$，因此逆算子 T^{-1}的存在性、唯一性和连续性显得尤为重要.

定义 2.1.13 设 T 是从 Hilbert 空间$\mathcal{X}$到 Hilbert 空间$\mathcal{Y}$的有界线性算子，若存在$\mathcal{Y}$到$\mathcal{X}$的线性算子 T_1，使得

$$T_1Tf=f,\ f\in\mathcal{D}(T),$$

且

$$TT_1g=g,\ g\in\mathcal{R}(T)$$

则称算子 T_1 是 T 的逆算子，记为 T^{-1}.

定义 2.1.14 设 T 是从 Hilbert 空间$\mathcal{X}$到 Hilbert 空间$\mathcal{Y}$的线性算子，若存在 $m>0$，使得

$$\|Tf\|\geqslant m\|f\|,\ f\in\mathcal{D}(T),$$

则称算子 T 是下方有界的.

定理 2.1.6 设 T 是从 Hilbert 空间$\mathcal{X}$到 Hilbert 空间$\mathcal{Y}$的线性算子，则 T 是下方有界的，当且仅当 T 在$\mathcal{R}(T)$上存在有界逆算子 T^{-1}.

证明 略.

下面介绍线性算子的谱集分类.

对于线性算子 $T-\lambda\ (\lambda\in\mathbb{C})$，考虑当 λ 取什么值时 $T-\lambda$ 有逆算子 $R(\lambda:T)=(T-\lambda)^{-1}$，以及当 $T-\lambda$ 有逆算子时 $R(\lambda:T)$有什么性质等问题.

在有限维空间中，方程$(T-\lambda)f=0$ 的解有两种情况：

(1) $(T-\lambda)f=0$ 有非零解，即 λ 是 T 的特征值；

(2) $(T-\lambda)f=0$ 只有零解，即 λ 是 T 的正则点.

但在无穷维空间中，问题变得复杂，要根据不同情况，定义正则点和谱点的更多分类.

定义 2.1.15 设 T 是 Hilbert 空间$\mathcal{X}$上的线性算子，则算子 T 的预解集和谱集分别为

$\rho(T)=\{\lambda\in\mathbb{C}:T-\lambda$ 是单射，$\overline{\mathcal{R}(T-\lambda)}=\mathcal{X}$，$(T-\lambda)^{-1}$是有界的$\}$ 和 $\sigma(T)=\mathbb{C}\setminus\rho(T)$.
谱集 $\sigma(T)$可细分为点谱 $\sigma_p(T)$、连续谱 $\sigma_c(T)$和剩余谱 $\sigma_r(T)$，即

$$\sigma(T)=\sigma_p(T)\cup\sigma_c(T)\cup\sigma_r(T).$$

其中，

$$\sigma_p(T)=\{\lambda\in\mathbb{C}:T-\lambda\ \text{不是单射}\},$$

$$\sigma_c(T)=\{\lambda\in\mathbb{C}: T-\lambda \text{ 是单射}, \overline{\mathcal{R}(T-\lambda)}=\mathcal{X}, (T-\lambda)^{-1}\text{是无界的}\},$$

$$\sigma_r(T)=\{\lambda\in\mathbb{C}: T-\lambda \text{ 是单射}, \overline{\mathcal{R}(T-\lambda)}\neq\mathcal{X}\}.$$

此外，称集合

$$\sigma_{app}(T)=\{\lambda\in\mathbb{C}: \exists (v_n)_{n=1}^{\infty}\subset\mathcal{D}(T), \|v_n\|=1, (T-\lambda)v_n\to 0, n\to\infty\}$$

为算子 T 的近似点谱.

注(定义 2.1.15) 有界算子是闭的，当且仅当它的定义域是闭的，因此对于 Hilbert 空间 $\mathcal{X}$ 上的闭算子 T，有

$$\rho(T)=\{\lambda\in\mathbb{C}: T-\lambda \text{ 是双射}\},$$

$$\sigma_c(T)=\{\lambda\in\mathbb{C}: T-\lambda \text{ 是单射}, \overline{\mathcal{R}(T-\lambda)}=\mathcal{X}, \mathcal{R}(T-\lambda)\neq\mathcal{X}\}.$$

容易证明，$\sigma_p(T)\subset\sigma_{app}(T)$.

例 2.1.13 设 $\mathcal{X}=l^2[1,\infty)$，考虑右移算子 S_r：$\mathcal{X}\to\mathcal{X}$，$g=S_r f$，其中 $f=(f_1, f_2, \cdots, f_n)\in\mathcal{X}$，$g=(0, f_1, f_2, f_3, \cdots)$. 求 $\sigma_p(S_r)$，$\sigma_c(S_r)$，$\sigma_r(S_r)$.

证明 事实上，求解方程

$$(S_r-\lambda)f=0.$$

当 $\lambda\neq 0$ 时，得 $f=0$；当 $\lambda=0$ 时，也得 $f=0$. 于是 $\sigma_p(S_r)=\varnothing$.

当 $|\lambda|>1$ 时，对于任意 $\boldsymbol{g}=(g_1, g_2, g_3, \cdots)\in\mathcal{X}$，取

$$f=\left(-\frac{g_1}{\lambda}, -\frac{g_1}{\lambda^2}-\frac{g_2}{\lambda}, -\frac{g_1}{\lambda^3}-\frac{g_2}{\lambda^2}-\frac{g_3}{\lambda}, \cdots\right),$$

则 $f\in\mathcal{X}$，且

$$(S_r-\lambda)f=\boldsymbol{g},$$

从而 $\{\lambda: |\lambda|>1\}\subset\rho(S_r)$. 反包含关系容易验证. 因此，

$$\rho(S_r)=\{\lambda: |\lambda|>1\}.$$

故

$$\sigma(S_r)=\sigma_p(S_r)\cup\sigma_c(S_r)=\{\lambda:|\lambda|\leqslant 1\}.$$

进一步可算出

$$\sigma_r(S_r)=\{\lambda:|\lambda|<1\},\ \sigma_c(S_r)=\{\lambda:|\lambda|=1\}.$$

例 2.1.14 设$\mathcal{X}=l^2[1,\infty)$，考虑左移算子 S_l：$\mathcal{X}\to\mathcal{X}$，$\boldsymbol{g}=S_l\boldsymbol{f}$，其中$\boldsymbol{f}=(f_1, f_2, f_3,\cdots)\in\mathcal{X}$，$\boldsymbol{g}=(f_2, f_3,\cdots)$，则容易求出

$$\sigma_p(S_l)=\{\lambda:|\lambda|<1\},\ \sigma_c(S_l)=\{\lambda:|\lambda|=1\},\ \sigma_r(S_l)=\varnothing,$$

且

$$\rho(S_l)=\{\lambda:|\lambda|>1\}.$$

例 2.1.15 设$\mathcal{X}=L^2[1,2]$，算子 T 为

$$(Tf)(x)=xf(x),\ x\in[1,2],$$

则

$$\sigma(T)=\sigma_c(T)=[1,2].$$

事实上，求解方程

$$(\lambda-T)x=0,$$

即

$$(\lambda-x)f(x)=0,$$

可得$f(x)=0(x\neq\lambda)$，因而 $\lambda-T$ 是单射，故 $\sigma_p(T)=\varnothing$，其值域

$$\mathcal{R}(\lambda-T)=\left\{g(x)\in\mathcal{X}:\frac{g(x)}{x}\in L^2[1,2],\ g(\lambda)=0\right\}$$

在$\mathcal{X}$中稠密，因而 $\sigma_r(T)=\varnothing$. 由$(\lambda-x)f(x)=g$ 可知，当 $\lambda\in\mathbb{C}$，$\lambda\notin[1,2]$时，$(\lambda-T)^{-1}$是有界的，于是

$$\rho(T)=\{\lambda\in\mathbb{C},\ \lambda\notin[1,2]\};$$

当 $\lambda\in[1,2]$ 时，$(\lambda-T)^{-1}$ 是无界的，故

$$\sigma(T)=\sigma_c(T)=[1,2].$$

有界线性算子的谱集是非空集，是复数域中的有界闭集.

定理 2.1.7 设 $\mathcal{X}$ 是 Hilbert 空间，$T\in\mathcal{B}(\mathcal{X})$，若 $\|T\|<1$，则算子 $I-T$ 有有界逆算子，且

$$(I-T)^{-1}=\sum_{n=0}^{\infty}T^n,$$

并且进一步有

$$\|(I-T)^{-1}\|\leqslant\frac{1}{1-\|T\|}.$$

证明 略.

定理 2.1.8 设 $\mathcal{X}$ 是 Hilbert 空间，$T\in\mathcal{B}(\mathcal{X})$，则 $\sigma(T)$ 是有界集.

证明 对于 $|\lambda|>\|T\|$，因为

$$\lambda-T=\lambda\left(I-\frac{T}{\lambda}\right),$$

且 $\left\|\frac{T}{\lambda}\right\|<1$，由定理 2.1.7 可知，$I-\frac{T}{\lambda}$ 存在有界逆算子，且

$$(I-T)^{-1}=\frac{1}{\lambda}\left(I-\frac{T}{\lambda}\right)=\frac{1}{\lambda}\sum_{n=0}^{\infty}\left(\frac{T}{\lambda}\right)^n=\sum_{n=0}^{\infty}\left(\frac{T^n}{\lambda^{n+1}}\right),$$

进而

$$\left\|\sum_{n=0}^{\infty}\left(\frac{T}{\lambda}\right)^n\right\|\leqslant\frac{1}{1-\frac{\|T\|}{\lambda}}=\frac{|\lambda|}{|\lambda|-\|T\|},$$

因此

$$\|(\lambda-T)^{-1}\|\leqslant\frac{1}{|\lambda|-\|T\|},$$

即当 $|\lambda|>\|T\|$ 时，$\lambda\in\rho(T)$，故 $\sigma(T)$ 是有界集.

定理 2.1.9 设$\mathcal{X}$是 Hilbert 空间，$T\in\mathcal{B}(\mathcal{X})$，$\lambda\in\rho(T)$，且$\mu<\|(\lambda-T)^{-1}\|^{-1}$，则$\lambda+\mu\in\rho(T)$，即$\rho(T)$是开集.

证明 设$\lambda\in\rho(T)$，考虑

$$(\lambda+\mu)-T=(\lambda-T)[I+\mu(\lambda-T)^{-1}],$$

因为$\|\mu(\lambda-T)^{-1}\|\leqslant 1$，根据定理 2.1.7 可知，$I+\mu(\lambda-T)^{-1}$有有界逆算子，于是

$$((\lambda+\mu)-T)^{-1}=[I+\mu(\lambda-T)^{-1}]^{-1}(\lambda-T)^{-1}.$$

引理 2.1.2 在正则集$\rho(T)$中定义的算子值函数$R(\lambda:T):\rho(T)\subset\mathbb{C}\to\mathcal{B}(X)$是关于$\lambda$的解析函数，且对于$\lambda,\mu\in\rho(T)$，有

$$R(\lambda:T)-R(\mu:T)=(\mu-\lambda)R(\lambda:T)R(\mu:T).$$

证明 由下列方程可得预解式方程：

$$\begin{aligned}R(\lambda:T)=R(\lambda:T)(\mu-T)R(\mu:T)&=R(\lambda:T)[(\mu-\lambda)+(\lambda-T)]R(\mu:T)\\&=(\mu-\lambda)R(\lambda:T)R(\mu:T)+R(\mu:T).\end{aligned}$$

定理 2.1.10 设$\mathcal{X}$是 Hilbert 空间，$T\in\mathcal{B}(\mathcal{X})$，则$\sigma(T)\neq\varnothing$.

证明 略.

定理 2.1.11 设$\mathcal{X}$是 Hilbert 空间，$T\in\mathcal{B}(\mathcal{X})$，则

$$\sigma(T^*)=(\lambda:\overline{\lambda}\in\sigma(T)).$$

证明 若$\lambda\in\mathbb{C}$，则$T-\lambda$可逆，当且仅当存在有界算子S使得

$$(T-\lambda)S=I=S(T-\lambda).\tag{2.1.3}$$

因为式(2.1.3)成立当且仅当

$$S^*(T-\lambda)^*=(T-\lambda)^*S^*,$$

即

$$S^*(T^*-\overline{\lambda})=(T^*-\overline{\lambda})S^*,$$

所以$T-\lambda$可逆，当且仅当$T^*-\overline{\lambda}$可逆，进而

$$\lambda \notin \sigma(T) \Leftrightarrow \overline{\lambda} \notin \sigma(T^*).$$

定义 2.1.16　设$\mathcal{B}$是 Hilbert 空间，$T \in \mathcal{B}(\mathcal{X})$，则称集合

$$\mathcal{W}(T) = \{(Tf, f) : f \in \mathcal{X},\ \|f\| = 1\}$$

为算子 T 的数值域.

注(定义 2.1.16)　Hilbert 空间$\mathcal{X}$上的线性算子 T 的数值半径定义为

$$w(T) = \sup\{|\lambda| : \lambda \in \mathcal{W}(T)\}.$$

由于

$$|(Tf, f)| \leqslant w(T)\|f\|^2,\ f \in \mathcal{X},$$

因此有界线性算子 T 的数值域是有界集.

定理 2.1.12　设$\mathcal{X}$是 Hilbert 空间，$T \in \mathcal{B}(\mathcal{X})$，若 $\lambda \in \mathcal{W}(T)$，$|\lambda| = \|T\|$，则 $\lambda \in \sigma_{\mathrm{p}}(T)$.

证明　设 $\lambda = (Tf, f)$，$\|f\| = 1$，则

$$\|T\| = |\lambda| = |(Tf, f)| \leqslant \|Tf\| \leqslant \|T\|,$$

从而

$$|(Tf, f)| = \|Tf\| \cdot \|f\|,$$

因此，存在 $\mu \in \mathbb{C}$，使得 $Tf = \mu f$. 又因为 $\lambda = (Tf, f) = (\mu f, f) = \mu$，所以 $Tf = \lambda f$，即 $\lambda \in \sigma_{\mathrm{p}}(T)$.

注(定理 2.1.12)　Hilbert 空间中的有界线性算子 T 的数值域$\mathcal{W}(T)$不一定是闭集. 设$\{\alpha_n\}$是有界数列，且$|\alpha_n| < \alpha = \sup\{|\alpha_n|, n \in \mathbb{N}\}$，又设 T 是对角线是$\{\alpha_n\}$的矩阵，则易知$\{\alpha_n\} \subset \sigma_{\mathrm{p}}(T)$，故对于每一个 α_n，存在 $\xi_n \neq 0$，$\|\xi_n\| = 1$，使得 $T\xi_n = \alpha_n \xi_n$，因而$(T\xi_n, \xi_n) = \alpha_n$，即 $\alpha_n \in \mathcal{W}(T)$. 又由于

$$\|T\| = \sup\{|\alpha_n|, n \in \mathbb{N}\} = \alpha,$$

故 $\alpha \in \overline{\mathcal{W}(T)}$. 根据定理 2.1.12，因 $\alpha = \|T\|$，且 $\alpha \notin \sigma_p(T)$，可知 $\alpha \notin \mathcal{W}(T)$. 因此，$\mathcal{W}(T)$ 不是闭集.

定理 2.1.13　设 T 是 Hilbert 空间$\mathcal{X}$中的有界线性算子，则 $\sigma(T) \subset \overline{\mathcal{W}(T)}$.

证明　假设 $\lambda \notin \overline{\mathcal{W}(T)}$，则有

$$\operatorname{dist}(\lambda, \overline{\mathcal{W}(T)}) = d>0.$$

对于任意$f\in \mathcal{X}$，$\|f\|=1$，根据 Schwarz 不等式

$$d\leqslant |\lambda-(Tf, f)| = |((\lambda-T)f, f)| \leqslant \|(\lambda-T)f\|,$$

从而$R(\lambda: T)=(\lambda-T)^{-1}$存在，且$\|R(\lambda: T)\|\leqslant\frac{1}{d}$，因此$\lambda\in\rho(T)\cup\sigma_{\mathrm{r}}(T)$. 如果$\lambda\in\sigma_{\mathrm{r}}(T)$，那么$R(\lambda: T)^{\perp}\neq\{0\}$，由

$$\mathcal{R}(\lambda-T)^{\perp}=\mathcal{N}(\overline{\lambda}-T^{*}),$$

可知$\overline{\lambda}\in\sigma(T^{*})$. 假设$\|\xi\|=1$，且$T^{*}\xi=\overline{\lambda}\xi$，则

$$(T\xi, \xi)=(\xi, T^{*}\xi)=\lambda(\xi, \xi)=\lambda,$$

所以$\lambda\in\mathcal{W}(T)$，矛盾. 因此，$\lambda\in\rho(T)$.

根据定理 2.1.13，借助线性算子的数值域分布，可以界定算子谱的分布范围.

定理 2.1.14 设$\mathcal{X}$是 Hilbert 空间，$T\in\mathcal{B}(\mathcal{X})$，若$T$是自伴算子，则$\sigma(T)\subset\mathbb{R}$.

证明 由于T是自伴算子，对于任意$f\in\mathcal{X}$，有

$$(Tf, f)=(f, Tf)=\overline{(Tf, f)},$$

因而(Tf, f)是实数，因此$\mathcal{W}(T)\subset\mathbb{R}$. 又因$\mathbb{R}$是$\mathbb{C}$中的闭集，所以$\overline{\mathcal{W}(T)}\subset\mathbb{R}$. 根据定理 2.1.13，$\sigma(T)\subset\mathbb{R}$.

注(定理 2.1.14) 定理 2.1.14 的逆命题不成立. 例如，在空间$\mathcal{H}=\mathbb{C}\times\mathbb{C}$中，考虑 2×2 矩阵$\boldsymbol{M}=\begin{pmatrix}1 & 1\\ 0 & 1\end{pmatrix}$. 因为$\boldsymbol{M}^{*}$是矩阵$\boldsymbol{M}$的共轭转置矩阵，显然与$\boldsymbol{M}$不等，所以$\boldsymbol{M}$不是自伴算子；但是，容易计算$\boldsymbol{M}$的谱是$\boldsymbol{M}$的特征值全体，即

$$\sigma(\boldsymbol{M})=\sigma_{\mathrm{p}}(\boldsymbol{M})=\{1\}\subset\mathbb{R}.$$

自伴线性算子作为算子理论中一类重要的算子，具有很多非常良好的谱性质，在此仅列出与本书相关的部分内容.

数学物理学中的许多线性算子均不是有界的，尤其量子力学中出现的大量线性算子均为无界算子，如 Schrödinger 算子. 因此，掌握并研究无界线性算子的基本理论显得十分重要. 对于有界线性算子T，借助其连续性，可将T保持范数延拓到其定义域的

闭包$\overline{\mathcal{D}(T)}$. 进一步，只要对$f\in\mathcal{D}(T)$定义 $Tf=0$，还可将 T 保持范数延拓到整个空间$\mathcal{H}$. 所以，有界线性算子通常被看作定义在全空间. 然而，无界线性算子 T 的定义域$\mathcal{D}(T)$ 往往不是全空间，其不连续性很难让 T 保持范数延拓到$\overline{\mathcal{D}(T)}$，这使得无界线性算子的很多性质变得非常复杂.

在研究 Hilbert 空间上有界线性算子时，算子范数起到非常重要的作用. 然而，无界线性算子不存在算子范数，这迫使人们从其他角度着手研究无界线性算子. 最重要的一类无界线性算子——微分算子是闭算子或可闭算子，因而通过考察算子图，引入闭算子的概念.

设 T：$\mathcal{D}(T)\to\mathcal{H}$是 Hilbert 空间$\mathcal{H}$中的线性算子，则称乘积空间$\mathcal{H}\times\mathcal{H}$中的子集

$$G(T)=\{<f,\ Tf>:f\in\mathcal{D}(T)\}$$

为 T 的图.

引理 2.1.3　设 G 是乘积 Hilbert 空间$\mathcal{H}\times\mathcal{H}$中的子集，则 G 是$\mathcal{H}$中线性算子 T 的图，当且仅当 G 是$\mathcal{H}\times\mathcal{H}$的线性子空间且满足 $G<0,\ g>\in G$ 蕴含 $g=0$.

证明　若 T 是$\mathcal{H}$中的线性算子，则 $G(T)$ 是$\mathcal{H}\times\mathcal{H}$中的一个线性子空间. 事实上，对于任意$<f_1,\ g_1>\in G$，$<f_2,\ g_2>\in G$，有

$$\begin{aligned}\alpha<f_1,\ g_1>+\beta<f_2,\ g_2>&=\alpha<f_1,\ T(f_1)>+\beta<f_2,\ T(f_2)>\\&=<\alpha f_1+\beta f_2,\ T(\alpha f_1+\beta f_2)>\in G,\end{aligned}\tag{2.1.4}$$

且$(0,\ g)\in G$ 蕴含 $g=0$.

反之，若 G 是$\mathcal{H}\times\mathcal{H}$中的子空间，且满足式(2.1.4)，定义

$$\mathcal{D}(T)=\{f\in\mathcal{H}:\text{存在 } g\in\mathcal{H},\ \text{使得}<f,\ g>\in G\}.$$

如果对于任意$f\in\mathcal{H}$，存在 g_1，g_2，使得$<f_1,\ g_1>\in G$，$<f_2,\ g_2>\in G$，且 G 是一个子空间，则$<0,\ g_1-g_2>\in G$，，进而 $g_1=g_2$. 由此可定义

$$Tf=g,\ <f,\ g>\in G.$$

由于 G 是一个线性子空间，所以 T 是一个线性算子.

定义 2.1.17　设 T：$\mathcal{D}(T)\to\mathcal{H}$是 Hilbert 空间$\mathcal{H}$中的线性算子，称 T 是闭的，如果 T 的图 $G(T)$ 在$\mathcal{H}\times\mathcal{H}$中是闭的，其中$\mathcal{H}\times\mathcal{H}$中的范数定义为

$$\|<f,\ g>\|=(\|f\|^2+\|g\|^2)^{\frac{1}{2}},\tag{2.1.5}$$

那么式(2.1.5)定义的范数称为T的图模，称T是可闭的. 如果$\overline{G(T)}$是一个图，根据引理2.1.3，存在唯一的线性算子$\overline{T}$，使得$G(\overline{T})=\overline{G(T)}$，那么称闭算子$\overline{T}$为$T$的闭包.

命题2.1.1 设T是Hilbert空间$\mathcal{H}$中的线性算子，则有以下结论：

(1)T是闭的，当且仅当对于任意$\{f_n\}\subset\mathcal{D}(T)$，当$f_n\to f_0$及$Tf_n\to g_0(n\to\infty)$时，可推出$f_0\in\mathcal{D}(T)$且$g_0=Tf_0$；

(2)T是可闭的，当且仅当$\{f_n\}\subset\mathcal{D}(T)$，$f_n\to 0$，$\{Tf_n\}$在$\mathcal{H}$中收敛时，$Tf_n\to 0$；

(3)若T是可闭的，则

$$\mathcal{D}(\overline{T})=\{f\in\mathcal{H}: 存在\{f_n\}使得f_n\to f, 且\{Tf_n\}是收敛的\},$$

$$\overline{T}f=\lim_{n\to\infty}Tf_n,\ f\in\mathcal{D}(\overline{T});$$

(4)若T是闭的，则$\mathcal{N}(T)$是闭的.

证明 (1)假设$\langle f, g\rangle\in\overline{G(T)}$，则存在$\{f_n\}\subset\mathcal{D}(T)$，使得

$$\langle f_n, Tf_n\rangle\to\langle f, g\rangle(n\to\infty),$$

因而

$$\|\langle f_n-f, Tf_n-g\rangle\|^2=\|f_n-f\|^2+\|g_n-g\|^2\to 0,$$

所以$f_n\to f$, $Tf_n\to g$. 由条件可知，$f\in\mathcal{D}(T)$，$g=Tf$，即$\langle f, g\rangle\in G(T)$，因此$T$是闭算子.

反之，假设$\{f_n\}\subset\mathcal{D}(T)$，且$f_n\to f$, $Tf_n\to g(n\to\infty)$，则$\langle f_n, Tf_n\rangle\to\langle f, g\rangle$. 由$G(T)$的闭性可知，$f\in\mathcal{D}(T)$，$g=Tf$.

(2)的证明方法和(1)的类似，只须根据引理2.1.3证明$\overline{G(T)}$是某个算子的图即可.

(3)是可闭算子定义的重新阐述.

(4)由结论(1)易得.

例2.1.16 设$\mathcal{H}=L^2(0, 1)$，$T=\dfrac{\mathrm{d}}{\mathrm{d}s}$: $\mathcal{D}(T)\to\mathcal{H}$是$\mathcal{H}$中的线性算子，其中

$$\mathcal{D}(T)=\{f\in\mathcal{H}: f'\in\mathcal{H}\},$$

则T是$\mathcal{H}$上的闭算子.

事实上，假设$f_n\in\mathcal{D}(T)$，$f_n\to f$, $Tf_n\to g(n\to\infty)$，由于

$$|f_n(0)-f_m(0)|^2=\int_0^1|f_n(0)-f_m(0)|^2\mathrm{d}s$$

$$= \int_0^1 \left| (f_n(s) - f_m(s)) - \int_0^s (f_n{}'(\xi) - f_m{}'(\xi))\, d\xi \right|^2 ds$$

$$\leqslant \int_0^1 |f_n(s) - f_m(s)|^2 ds + \int_0^1 |f_n{}'(\xi) - f_m{}'(\xi)|^2 d\xi \to 0\ (n,\ m \to \infty),$$

因此, $f_n(0)$ 是 Cauchy 列. 进而存在实数 α, 使得 $f_n(0) \to \alpha (n \to \infty)$. 注意到

$$\int_0^1 \left| f_n(s) - \alpha - \int_0^s g(\xi)\, d\xi \right|^2 ds = \int_0^1 \left| f_n(0) - \alpha - \int_0^s (f_n{}'(\xi) - g(\xi))\, d\xi \right|^2 ds$$

$$\leqslant |f_n(0) - \alpha|^2 + \int_0^1 |f_n{}'(\xi) - g(\xi)|^2 d\xi \to 0\ (n \to \infty),$$

由 $f_n \to f$ 可知, 在 $\mathcal{H}$ 中有

$$f(s) = \alpha + \int_0^s g(\xi)\, d\xi$$

令 $s=0$, 可得 $f(0)=\alpha$, 因此

$$f(s) = f(0) + \int_0^s g(\xi)\, d\xi.$$

显然, $f' = g \in \mathcal{H}$, 即 $f \in \mathcal{D}(T)$ 且 $Tf = g$. 因此, T 是闭线性算子.

注(例 2.1.16)　闭算子 T 的零空间 $\mathcal{N}(T)$ 是闭的, 这与有界算子零空间的性质十分类似. 虽然闭算子与有界算子的某些性质非常相似, 但它们之间没有直接关系.

例 2.1.17　设 $\mathcal{X}$ 和 $\mathcal{Y}$ 是由在区间 $[0, 1]$ 上定义的实值多项式全体组成的实线性空间. 对于 $f \in \mathcal{X} = \mathcal{Y}$, 定义

$$\| f \|_{\mathcal{X}} = \max_{0 \leqslant t \leqslant 1} |f(t)|,$$

$$\| f \|_{\mathcal{Y}} = \max_{0 \leqslant t \leqslant 1} |f(t)| + \max_{0 \leqslant t \leqslant 1} |f'(t)|,$$

则 $\mathcal{X}$ 与 $\mathcal{Y}$ 均为赋范线性空间. 设

$$Tf(t) = f'(t),\ f \in \mathcal{X},$$

则不存在常数 $M>0$, 使得对于一切 $f \in \mathcal{X}$ 都有

$$\| Tf \|_{\mathcal{Y}} = \max_{0 \leqslant t \leqslant 1} |f'(t)| + \max_{0 \leqslant t \leqslant 1} |f''(t)| \leqslant M \| f \|_{\mathcal{X}}.$$

因此, T 不是连续算子, 从而是无界算子.

同时, 假定

$$\lim_{n\to\infty} \| f_n \to f_0 \|_{\mathcal{X}} = 0,\ \lim_{n\to\infty} \| Tf_n \to g_0 \|_{\mathcal{Y}} = 0,$$

其中$\{f_n\} \subset \mathcal{X}$, $f_0 \in \mathcal{X}$, $g_0 \in \mathcal{Y}$, 则根据范数$\|\cdot\|_{\mathcal{X}}$与$\|\cdot\|_{\mathcal{Y}}$的定义, 有

$$\lim_{n\to\infty} \max_{0\leqslant t\leqslant 1} | f_n(t) \to f_0(t) | = 0,\ \lim_{n\to\infty} \max_{0\leqslant t\leqslant 1} | f_n'(t) \to g_0(t) | = 0.$$

对于每一个正整数n, 显然有

$$f_n(t) - f_n(0) = \int_0^t f_n'(s)\,\mathrm{d}s,\ 0 \leqslant t \leqslant 1,$$

由此可得

$$f_0(t) - f_0(0) = \int_0^t g_0(s)\,\mathrm{d}s,\ 0 \leqslant t \leqslant 1.$$

因$g_0(t)$连续, 故

$$Tf_0(t) = f_0'(t) = g_0(t).$$

因此, T是闭线性算子.

例 2.1.18 设$\mathcal{X} = \mathcal{Y}$是 Hilbert 空间, $\mathcal{M}$是$\mathcal{X}$的任意稠密的真子空间, T是由$\mathcal{M}$到$\mathcal{Y}$的恒等算子. 显然, 线性算子T是连续的, 但不是闭算子.

定理 2.1.15 Banach **闭图像定理** 设T是 Hilbert 空间$\mathcal{H}$中的线性算子, 则下列条件等价:

(1) T是闭算子且$\mathcal{D}(T)$是闭的;

(2) T是有界的且$\mathcal{D}(T)$是闭的;

(3) T是有界的且是闭算子.

证明 略.

共轭算子是算子理论中非常重要的一项内容, 下面介绍无界线性算子的共轭算子的一些基本概念.

定义 2.1.18 设T: $\mathcal{D}(T) \to \mathcal{H}$是 Hilbert 空间$\mathcal{H}$中的线性算子, $\mathcal{D}(T)$在$\mathcal{H}$中稠密, 则T的共轭算子T^*定义为$T^*: \mathcal{D}(T^*) \to \mathcal{H}$, 其中

$\mathcal{D}(T^*) = \{g \in \mathcal{H}$: 存在$g^*$使得对于任意$f \in \mathcal{D}(T)$, $(Tf, g) = (f, g^*)\}$,

且

$$T^* g = g^*.$$

此外, 称$\mathcal{D}(T)$在$\mathcal{H}$中稠密的线性算子为稠定的线性算子.

例 2.1.19　设 $\{e_n\}$ 是 Hilbert 空间 $\mathcal{H}$ 中的标准正交基，验证算子

$$T\left(\sum_{k=1}^{\infty} a_k e_k\right)=\sum_{k=2}^{\infty}\sqrt{k-1}\,a_k e_{k-1}$$

是稠定无界算子，并求出 T^*.

证明　事实上，由 $\{e_n\}$ 是标准正交基可知，$\|e_n\|=1$，因而

$$\|Te_n\|=\sqrt{n-1}\to\infty\ (n\to\infty),$$

所以 T 是无界的. 令

$$f=\sum_{k=1}^{\infty} f_k e_k,\ g=\sum_{k=1}^{\infty} g_k e_k,$$

则

$$\begin{aligned}(Tf,\ g)&=\left(\sum_{k=1}^{\infty}\sqrt{k}f_{k+1}e_k,\ \sum_{k=1}^{\infty} g_k e_k\right)=\sum_{k=1}^{\infty}\sqrt{k}f_{k+1}\overline{g_k}=(f,\ T^* g)\\&=\left(\sum_{k=1}^{\infty} f_{k+1}e_{k+1},\ \sum_{k=1}^{\infty}\sqrt{k}\,g_k e_{k+1}\right)=\left(f,\ \sum_{k=2}^{\infty}\sqrt{k-1}\,g_{k-1}e_k\right),\end{aligned}$$

由此可以推出

$$T^* g=T^*\left(\sum_{k=1}^{\infty} g_k e_k\right)=\sum_{k=2}^{\infty}\sqrt{k-1}\,g_{k-1}e_k.$$

验证上述过程的正确性，需要证明 $\mathcal{D}(T)=\{f\in\mathcal{H}: f=\sum_{k=1}^{\infty} a_k e_k,\ \sum_{k=2}^{\infty} k|a_k|^2<\infty\}$ 在 $\mathcal{H}$ 中稠密. 任意 $f\in\mathcal{H}$，对于任意 $\varepsilon>0$，存在 $N>0$，使得

$$\sum_{k=N+1}^{\infty}|a_k|^2<\varepsilon^2.$$

选取 $f_N=(a_1,\ a_2,\ \cdots,\ a_N,\ 0,\ 0,\ \cdots)\in\mathcal{D}(T)$，则 $\|f-f_N\|<\varepsilon$，因而 $\mathcal{D}(T)$ 在 $\mathcal{H}$ 中稠密，T^* 存在且上述计算正确.

引理 2.1.4　设 $\mathcal{H}$ 是 Hilbert 空间，T: $\mathcal{D}(T)\to\mathcal{H}$ 是 $\mathcal{H}$ 中的稠定线性算子，则有

(1) T^* 是闭线性算子；

(2) 若 T 是闭的，则 T^* 是稠定闭算子；

(3) 若 T^* 也稠定，则 $T\subset T^{**}$，此时 T 是可闭算子，且 $\overline{T}=T^{**}$，其中 $\overline{T}$ 是 T 的最小闭延拓.

证明 略.

类似于有界线性算子, 无界线性算子 T 的值域$\mathcal{R}(T)$和零空间$\mathcal{N}(T)$之间也有紧密的联系.

定理 2.1.16 设 T 是 Hilbert 空间$\mathcal{H}$中的稠定线性算子, 则

$$\mathcal{R}(T)^{\perp}=\mathcal{N}(T^{*}),$$

如果 T 是闭算子, 那么

$$\mathcal{R}(T^{*})^{\perp}=\mathcal{N}(T).$$

证明 若 $h\perp\mathcal{R}(T)$, 则对于任意$f\in\mathcal{D}(T)$, 有

$$(Tf,\ h)=0.$$

因而, $h\in\mathcal{D}(T^{*})$, 并且 $T^{*}h=0$. 相反的包含关系显然成立. 根据引理 2.1.4, 如果 T 是可闭算子, 那么 $T^{**}=T$. 因此, 结论易得.

定义 2.1.19 设 T: $\mathcal{D}(T)\to\mathcal{H}$是 Hilbert 空间$\mathcal{H}$中的稠定线性算子: 若 $T\subset T^{*}$, 则称 T 是对称的; 若 $T=T^{*}$, 则称 T 是自伴的.

定理 2.1.17 设 T: $\mathcal{D}(T)\to\mathcal{H}$是 Hilbert 空间$\mathcal{H}$中的稠定线性算子, 则 T 是对称的, 当且仅当对于任意f, $g\in\mathcal{D}(T)$, 有

$$(Tf,\ g)=(f,\ Tg).$$

证明 因为 T 是对称的, 所以 $T\subset T^{*}$, 进而对于任意f, $g\in\mathcal{D}(T)$, 有

$$(Tf,\ g)=(f,\ T^{*}g)=(f,\ Tg).$$

反之, 若对于任意f, $g\in\mathcal{D}(T)$, 有

$$(Tf,\ g)=(f,\ Tg),$$

则由共轭算子的定义可知, $g\in\mathcal{D}(T^{*})$, 从而$\mathcal{D}(T)\subset\mathcal{D}(T^{*})$. 再由

$$(Tf,\ g)=(f,\ T^{*}g)=(f,\ Tg)$$

可知,

$$T^{*}|_{\mathcal{D}(T)}=T,$$

即 $T\subset T^{*}$. 因此, T 是对称算子.

注(定理 2.1.17)　显然，自伴线性算子是对称的，但对称线性算子不一定是自伴的.

例 2.1.20　设$\mathcal{H}=L^2[-1, 1]$，$T=\mathrm{i}\dfrac{\mathrm{d}}{\mathrm{d}t}$：$\mathcal{D}(T)\to\mathcal{H}$是$\mathcal{H}$中的线性算子，其中

$$\mathcal{D}(T)=\{f\in\mathcal{H}：绝对连续，f'\in\mathcal{H}，f(-1)=f(1)=0\}.$$

经计算

$$(Tf, g)=\int_{-1}^{1}\mathrm{i}f'(t)\overline{g(t)}\,\mathrm{d}t=\int_{-1}^{1}f(t)\overline{\mathrm{i}g(t)'}\,\mathrm{d}t=(f, Tg),$$

因此 T 是对称算子.

例 2.1.21　Hilbert 空间 $L^2(\mathbb{R})$中的线性算子 Q：

$$Qf(s)=sf(s),$$

$$\mathcal{D}(Q)=\{f\in L^2(\mathbb{R})：Qf\in L^2(\mathbb{R})\}$$

是自伴算子.

事实上，若$f, g\in\mathcal{D}(Q)$，则$f, g\in L^2(\mathbb{R})$，且 $sf(s)$，$sg(s)\in L^2(\mathbb{R})$. 由于 Q 是稠定闭算子，有

$$(Qf, g)=\int_{-\infty}^{+\infty}sf(s)\overline{g(s)}\,\mathrm{d}s=\int_{-\infty}^{+\infty}f(s)\overline{sg(s)}\,\mathrm{d}s=(f, Qg),$$

因而 Q 是对称算子，即 $Q\subset Q^*$. 因此，只需证明$\mathcal{D}(Q)=\mathcal{D}(Q^*)$. 为此，只须证明 Q 是闭算子.

假设$\{f_n\}\subset\mathcal{D}(Q)$，$f_n\to f\in L^2(\mathbb{R})$，且 $sf_n\to g\in L^2(\mathbb{R})$，要证明 $g(s)=sf(s)$. 注意到

$$\|g-sf\|_2^2=\int_{-1}^{1}|g(s)-sf(s)|^2\mathrm{d}s+\left\{\int_{-\infty}^{-1}+\int_{1}^{\infty}|g(s)-sf(s)|^2\mathrm{d}s\right\},$$

由 $f\in L^2([-1, 1])$蕴含 $sf\in L^2([-1, 1])$可知，

$$\int_{-1}^{1}|g(s)-sf(s)|^2\mathrm{d}s=0.$$

因此，$g(s)=sf(s)$，$s\in[-1, 1]$. 若$|s|\geqslant 1$，由

$$\int_{|s|\geq 1} \left|\frac{g(s)}{s}\right|^2 ds \leq \int_{|s|\geq 1|} |g(s)|^2 ds < \infty$$

可知，$f_n \to f$，且$f_n \to \frac{g(s)}{s}$. 根据极限的唯一性可知，$f(s)=\frac{g(s)}{s}$，$|s|\geq 1$. 因此，$g(s)=sf(s)$.

无界线性算子谱的稳定性是谱理论中非常重要的内容，它与算子谱的扰动和谱补问题紧密联系，同时和无界算子的扰动理论有关. 下面介绍无界算子相对有界的一些基本概念.

定义 2.1.20 设$\mathcal{H}$，$\mathcal{H}_1$，$\mathcal{H}_2$是Hilbert空间，T和S分别是从$\mathcal{H}$到$\mathcal{H}_1$和从$\mathcal{H}$到$\mathcal{H}_2$的线性算子. 若$\mathcal{D}(T)\subset\mathcal{D}(S)$且存在常数$a_s$，$b_s\geq 0$使得

$$\| Sf \| \leq a_s \| f \| + b_s \| Tf \|, f\in\mathcal{D}(T), \tag{2.1.6}$$

则称S相对于T有界(简称T-有界). 存在a_s使得式(2.1.6)成立的所有b_s的下确界δ_s称为S关于T的相对界(简称T-界).

命题 2.1.2 若T是Banach空间$\mathcal{X}$中的闭算子，S是$\mathcal{X}$中的可闭算子，则$\mathcal{D}(T)\subset\mathcal{D}(S)$蕴含$S$相对于$T$有界.

证明 定义

$$||| f ||| = \| f \| + \| Tf \|, f\in\mathcal{D}(T),$$

则由算子T的闭性易知，$\mathcal{D}(T)$在范数$|||\cdot|||$下是Banach空间，记为$\hat{\mathcal{X}}$. 算子S在$\mathcal{D}(T)$上的限制，即$S|_{\mathcal{D}(T)}$可被看作从$\hat{\mathcal{X}}$上到$\mathcal{X}$的算子，记为$\hat{S}$. 容易验证，S相对于T有界，当且仅当$\hat{S}$是有界的. 由于$\hat{\mathcal{X}}$中$\hat{S}$-收敛数列为$\mathcal{X}$中S-收敛数列，故$\hat{S}$是可闭的. 又因算子$\hat{S}$定义在整个$\hat{\mathcal{X}}$上，根据Banach闭图像定理，$\hat{S}$是闭的，进而也是有界的. 因此，S相对于T有界.

当相对界小到一定程度时，扰动算子不会改变线性算子的闭性或可闭性.

定理 2.1.18 设$\mathcal{H}_1$和$\mathcal{H}_2$是Hilbert空间，T和S是从$\mathcal{H}_1$到$\mathcal{H}_2$的线性算子，S相对于T有界且相对界小于1，则$T+S$是闭的(可闭的)，当且仅当T是闭的(可闭的). 进一步，有

$$\mathcal{D}(\overline{T+S})=\mathcal{D}(\overline{T}).$$

证明 由S的T-界小于1可知，存在$b<1$和$a\geq 0$使得

$$\| Sf \| \leq a \| f \| + b \| Tf \|, f\in\mathcal{D}(T).$$

因而，对于$f\in \mathcal{D}=\mathcal{D}(T)=\mathcal{D}(T+S)$，有

$$\begin{aligned}-a\|f\|+(1-b)\|Tf\| &\leqslant \|Tf\|-\|Sf\| \leqslant \|(T+S)f\| \\ &\leqslant \|Tf\|+\|Sf\| \leqslant a\|f\|+(1+b)\|Tf\|,\end{aligned}$$

进而必存在 $C\geqslant 0$，使得对于$f\in \mathcal{D}$，有

$$\|Tf\| \leqslant C(\|f\|+\|(T+S)f\|), \tag{2.1.7}$$

$$\|(T+S)f\| \leqslant C(\|f\|+\|Tf\|). \tag{2.1.8}$$

因此，存在 $K\geqslant 0$ 使得

$$\|f\|_T \leqslant K\|f\|_{T+S},\ \|f\|_{T+S} \leqslant K\|f\|_T,$$

其中

$$\|f\|_T=(\|f\|^2+\|Tf\|^2)^{\frac{1}{2}}$$

是由$\mathcal{D}$上定义的内积

$$(f,g)_T=(f,g)+(Tf,Tg),\ f,g\in \mathcal{D}(T)$$

诱导的范数，称为 T 范数. 因而，$(\mathcal{D},(\cdot,\cdot)_{T+S})$是完备的，当且仅当$(\mathcal{D},(\cdot,\cdot)_T)$是完备的. 假设 T 是可闭的，$\{f_n\}\subset \mathcal{D}(T+S)=\mathcal{D}(T)$，$f_n\to 0$ 且$\{(T+S)f_n\}$在$\mathcal{H}_2$ 中收敛，那么由式(2.1.7)可知，$\{Tf_n\}$是 Cauchy 列. 由 T 的可闭性可知，$Tf_n\to 0$. 进一步由式(2.1.8)可知，$(T+S)f_n\to 0$，因而 $T+S$ 是可闭算子. 同理可证，如果 $T+S$ 是可闭的，那么 T 也是可闭的. 根据命题 2.1.1，$f\in \mathcal{D}(\overline{T+S})$，当且仅当存在序列$\{f_n\}\subset \mathcal{D}(T+S)=\mathcal{D}(T)$，$f_n\to f$ 且$\{(T+S)f_n\}$收敛. 由式(2.1.7)和式(2.1.8)可知，$\{(T+S)f_n\}$收敛，当且仅当$\{Tf_n\}$收敛，因而

$$\mathcal{D}(\overline{T+S})=\mathcal{D}(\bar{T}).$$

引理 2.1.5　设$\mathcal{X}$和$\mathcal{Y}$是 Banach 空间，T：$\mathcal{D}(T)\subset \mathcal{X}\to \mathcal{Y}$是稠定闭线性算子，若 S 相对于 T 有界，S^* 相对于 T^* 有界且相对界均小于 1，则 $T+S$ 是闭算子，且有

$$(T+S)^*=T+S.$$

证明 略.

定理 2. 1. 19 设$\mathcal{X}$和$\mathcal{Y}$是 Banach 空间, T: $\mathcal{D}(T)\subset\mathcal{X}\to\mathcal{Y}$是自伴算子, 若对称算子 S 相对于 T 有界且 T-界 $\delta<1$, 则 $T+S$ 是自伴算子.

证明 由 S 的 T-界 $\delta<1$ 可知, 存在 $0\leqslant a$, $b<1$, 使得

$$\| Sf\| \leqslant a\| f\| +b\| Tf\| ,\ f\in\mathcal{D}(T).$$

由 S 的对称性可知, $\mathcal{D}(T)\subset\mathcal{D}(S^*)$且有

$$\| S^*f\| = \| Sf\| \leqslant a\| f\| +b\| Tf\| ,\ f\in\mathcal{D}(T),$$

因而 S^* 相对于 T^*-有界且 T-界<1. 根据引理 2. 1. 5, 有

$$(T+S)^* = T^* + S^*|_{\mathcal{D}(T)} = T+S.$$

线性算子的谱分布对研究无界线性算子的构造和性质具有十分重要的作用, 下面介绍无界线性算子的谱点的分类.

定义 2. 1. 21 设 T 是 Hilbert 空间$\mathcal{H}$上的线性算子, 则称集合

$$\sigma_\delta(T)=\{\lambda\in\mathbb{C}:\mathcal{R}(T-\lambda)\neq\mathcal{H}\}$$

为 T 的亏谱.

注(定义 2. 1. 21) 无界线性算子的谱集和有界线性算子的谱集不同, 它可能是整个复平面, 也可能是空集. 此外, 根据 Banach 闭图像定理, 有界线性算子是闭的, 当且仅当其定义域是闭的, 因此对闭算子 T 容易验证: $\lambda\in\rho(T)$, 当且仅当 $T-\lambda$ 是双射; $\lambda\in\sigma_c(T)$, 当且仅当 $T-\lambda$ 是单射, $\overline{\mathcal{R}(T-\lambda)}=\mathcal{H}$, 但$\mathcal{R}(T-\lambda)\neq\mathcal{H}$.

进一步, 根据$\mathcal{R}(T-\lambda)$的闭性, 可对点谱和剩余谱进行更详细的分类.

定义 2. 1. 22 设 T 是 Hilbert 空间$\mathcal{H}$中的线性算子, 点谱 $\sigma_p(T)$ 可以分为 1-类点谱 $\sigma_{p,1}(T)$, 2-类点谱 $\sigma_{p,2}(T)$, 3-类点谱 $\sigma_{p,3}(T)$ 和 4-类点谱 $\sigma_{p,4}(T)$, 分别为

$$\sigma_{p,1}(T)=\{\lambda\in\sigma_p(T):\mathcal{R}(T-\lambda)=\mathcal{H}\},$$
$$\sigma_{p,2}(T)=\{\lambda\in\sigma_p(T):\mathcal{R}(T-\lambda)\neq\overline{\mathcal{R}(T-\lambda)}=\mathcal{H}\},$$
$$\sigma_{p,3}(T)=\{\lambda\in\sigma_p(T):\mathcal{R}(T-\lambda)=\overline{\mathcal{R}(T-\lambda)}\neq\mathcal{H}\},$$
$$\sigma_{p,4}(T)=\{\lambda\in\sigma_p(T):\mathcal{R}(T-\lambda)\neq\overline{\mathcal{R}(T-\lambda)}\neq\mathcal{H}\}.$$

剩余谱可被分为 1-类剩余谱 $\sigma_{r,1}(T)$ 和 2-类剩余谱 $\sigma_{r,2}(T)$, 分别为

$$\sigma_{r,1}(T)=\{\lambda\in\sigma_r(T):\mathcal{R}(T-\lambda)=\overline{\mathcal{R}(T-\lambda)}\},$$

$$\sigma_{r,2}(T)=\{\lambda\in\sigma_r(T):\mathcal{R}(T-\lambda)\neq\overline{\mathcal{R}(T-\lambda)}\}.$$

显然，$\sigma_{p,1}(T)$、$\sigma_{p,2}(T)$、$\sigma_{p,3}(T)$和$\sigma_{p,4}(T)$互不相交，且

$$\sigma_p(T)=\sigma_{p,1}(T)\cup\sigma_{p,2}(T)\cup\sigma_{p,3}(T)\cup\sigma_{p,4}(T);$$

$\sigma_{r,1}(T)$和$\sigma_{r,2}(T)$也互不相交，且

$$\sigma_r(T)=\sigma_{r,1}(T)\cup\sigma_{r,2}(T).$$

易知，对于闭线性算子 T，有

$$\sigma(T)=\sigma_{app}(T)\cup\sigma_{r,1}(T)=\sigma_\delta(T)\cup\sigma_{p,1}(T).$$

无界线性算子的谱非常依赖其定义域，定义域的微小变动可能对其谱的分布产生巨大的影响.

例 2.1.22　设$\mathcal{H}=L^2[0,1]$，T_1 和 T_2 是定义在$\mathcal{H}$中的线性算子，其中 $T_1=T_2=\mathrm{i}\dfrac{\mathrm{d}}{\mathrm{d}t}$，且

$$\mathcal{D}(T_1)=\{f\in\mathcal{H}:f\text{绝对连续},f'\in\mathcal{H}\},$$

$$\mathcal{D}(T_2)=\{f\in\mathcal{H}:f\text{绝对连续},f'\in\mathcal{H},f(0)=0\}.$$

容易验证 T_1 和 T_2 均为稠定闭算子，且 $\sigma(T_1)=\mathbb{C}$，$\sigma(T_2)=\varnothing$.

例 2.1.23　设$\mathcal{H}=L^2[0,\infty)$，$T=\dfrac{\mathrm{d}}{\mathrm{d}t}$：$D(T)\to\mathcal{H}$是$\mathcal{H}$中的线性算子，其中

$$\mathcal{D}(T)=\{f\in\mathcal{H}:f\text{局部绝对连续},f'\in\mathcal{H},f(0)=c\neq0\}.$$

可以证明 $\mathrm{Re}(\lambda)=0$，$\lambda\in\sigma_c(T)$. 当 $\mathrm{Re}(\lambda)<0$ 时，方程

$$\lambda f-f'=0$$

有非零解 $f(t)=ce^{\lambda t}\in L^2[0,\infty)$，即 $\lambda\in\sigma_p(T)$. 对于 $\mathrm{Re}(\lambda)>0$，方程 $\lambda f-f'=g$ 有解

$$f(t)=\frac{c}{c_1}\int_t^\infty e^{\lambda(t-\tau)}g(\tau)\,\mathrm{d}\tau,$$

其中

$$c_1=\int_0^{\infty}e^{-\lambda t}g(t)\mathrm{d}t\neq 0.$$

进一步可证 $\mathrm{Re}(\lambda)>0$, $\lambda\in\rho(T)$.

无界算子的谱和其共轭算子的谱有着密切的联系.

定理 2.1.20 设 T 是 Hilbert 空间$\mathcal{H}$中的稠定闭线性算子, 则

(1) 如果 $\lambda\in\sigma_{\mathrm{p}}(T)$, 那么 $\overline{\lambda}\in\sigma_{\mathrm{p}}(T^*)\cup\sigma_{\mathrm{r}}(T^*)$;

(2) 如果 $\lambda\in\sigma_{\mathrm{r}}(T)$, 那么 $\overline{\lambda}\in\sigma_{\mathrm{p}}(T^*)$;

(3) $\lambda\in\sigma_{\mathrm{c}}(T)$, 当且仅当 $\overline{\lambda}\in\sigma_{\mathrm{c}}(T^*)$.

证明 (1) 设 $\lambda\in\sigma_{\mathrm{p}}(T)$ 且其对应的特征向量为 $\boldsymbol{f}_0$, 如果 $T^*-\overline{\lambda}$ 不是单射, 那么 $\overline{\lambda}\in\sigma_{\mathrm{p}}(T^*)$, 结论成立. 如果 $T^*-\overline{\lambda}$ 是单射, 那么对于任意 $g\in\mathcal{D}(T^*)$, 有

$$((T-\lambda)\boldsymbol{f}_0, g)=(\boldsymbol{f}_0, (T^*-\overline{\lambda})g)=0,$$

进而

$$\overline{\mathcal{R}(T^*-\overline{\lambda})}\neq\mathcal{H},$$

因此, $\overline{\lambda}\in\sigma_{\mathrm{r}}(T^*)$.

(2) 若 $\lambda\in\sigma_{\mathrm{r}}(T)$, 则

$$\overline{\mathcal{R}(T-\lambda)}\neq\mathcal{H},$$

又因为

$$\overline{\mathcal{R}(T-\lambda)}^{\perp}=\mathcal{N}(T^*-\overline{\lambda}),$$

所以

$$\mathcal{N}(T^*-\overline{\lambda})\neq\{0\}.$$

因此, $\overline{\lambda}\in\sigma_{\mathrm{p}}(T^*)$.

(3) 结合算子 T 的闭性可知, $\sigma_{\mathrm{pr}}(T)=\overline{\sigma_{\mathrm{pr}}(T^*)}$. 又因为 T 是 Hilbert 空间中的稠定闭算子, 所以 $\sigma(T)=\overline{\sigma(T^*)}$, 于是 $\sigma_{\mathrm{c}}(T)=\overline{\sigma_{\mathrm{c}}(T^*)}$, 即 $\lambda\in\sigma_{\mathrm{c}}(T)$, 当且仅当 $\overline{\lambda}\in$

$\sigma_c(T^*)$.

注(定理 2.1.20)　由上述定理可知，对于线性算子 T，$\lambda\in\sigma_p(T)$ 不能推出 $\overline{\lambda}\in\sigma_p(T^*)$.

例如，T 是 l^2 上的左移算子，即

$$T(\xi_0,\ \xi_1,\ \xi_2,\ \cdots)=(\xi_1,\ \xi_2,\ \xi_3,\ \cdots),$$

则 T^* 是右移算子，即

$$T^*(\xi_0,\ \xi_1,\ \xi_2,\ \cdots)=(0,\ \xi_0,\ \xi_1,\ \xi_2,\ \cdots).$$

当 $|\lambda|<1$ 时，由等式

$$(\lambda-T)\xi=0$$

得 $\xi_1=\lambda\xi_0$，$\xi_2=\lambda^2\xi_0$，$\cdots$，$\xi_n=\lambda^n\xi_0$，$\cdots$. 取 $\xi_0\neq 0$，则 $\xi=(\xi_0,\ \lambda\xi_0,\ \lambda^2\xi_0,\ \cdots)$ 是算子方程 $(\lambda-T)\xi=0$ 在 l^2 中的非零解，故 $\lambda\in\sigma_p(T)$. 但是，由方程 $(\lambda-T^*)\xi=0$ 得 $\xi_0=\xi_1=\cdots=\xi_n=\cdots=0$，因而方程 $(\lambda-T^*)\xi=0$ 只有唯一解 $\xi=0$，故 $\sigma_p(T^*)=\varnothing$.

数值域是研究算子谱分布的非常好的工具. 下面给出无界线性算子数值域的定义.

定义 2.1.23　设 T 是 Hilbert 空间 $\mathcal{H}$ 中的线性算子，则称集合

$$\mathcal{W}(T)=\{(Tf,\ f):f\in\mathcal{D}(T),\ \|f\|=1\}$$

为算子 T 的数值域.

注(定义 2.1.23)　无界线性算子 T 的数值域 $\mathcal{W}(T)$ 和有界线性算子的不同，它是无界集. 一般来说，$\mathcal{W}(T)$ 既不是开集，也不是闭集，但它是个凸集.

定理 2.1.21　Toeplitz-Hausdorff 定理　设 T 是 Hilbert 空间 $\mathcal{H}$ 中的线性算子，则 $\mathcal{W}(T)$ 是个凸集.

证明　略.

定理 2.1.22　设 T 是 Hilbert 空间中的闭线性算子，则有如下结论：

(1) 若 $\lambda\in\mathbb{C}\setminus\overline{\mathcal{W}(T)}$，则 $T-\lambda$ 是单射且 $\mathcal{R}(T-\lambda)$ 是闭的；

(2) $(\sigma_p(T)\cup\sigma_c(T))\subset\overline{\mathcal{W}(T)}$.

证明　(1) 由 $\lambda\in\mathbb{C}\setminus\overline{\mathcal{W}(T)}$ 可知，

$$\delta=\mathrm{dist}(\lambda,\ \overline{\mathcal{W}(T)})>0. \tag{2.1.9}$$

对于 $f\in\mathcal{D}(T)$，$\|f\|=1$，有

$$\delta \leqslant |(Tf,f)-\lambda| = |((T-\lambda)f,f)| \leqslant \|(T-\lambda)f\|,$$

因此，$T-\lambda$ 是单射. 下面证明$\mathcal{R}(T-\lambda)$是闭的. 对于任意 $g\in\overline{\mathcal{R}(T-\lambda)}$，存在 $g_n\in\mathcal{R}(T-\lambda)$，使得 $g_n\to g(n\to\infty)$，且有$f_n\in\mathcal{D}(T)$，$g_n=(T-\lambda)f_n$. 由式(2.1.9)可知

$$\delta\|f_n\| \leqslant \|(T-\lambda)f_n\| = \|g_n\|,$$

因此，f_n 是$\mathcal{H}$中的 Cauchy 列，即$f_n\to f$. 由 T 的闭性可知，$f\in\mathcal{D}(T)$，$g=(T-\lambda)f$. 因为 $g\in\mathcal{R}(T-\lambda)$，所以$\mathcal{R}(T-\lambda)$是闭的.

(2)由(1)可知，若 $\lambda\in\mathbb{C}\setminus\overline{\mathcal{W}(T)}$，则 $T-\lambda$ 是单射且$\mathcal{R}(T-\lambda)$是闭的，根据注(定义 2.1.21)，$\lambda\notin\sigma_{\mathrm{p}}(T)\cup\sigma_{\mathrm{c}}(T)$，进而$(\sigma_{\mathrm{p}}(T)\cup\sigma_{\mathrm{c}}(T))\subset\overline{\mathcal{W}(T)}$.

定理 2.1.23 设 T 是 Hilbert 空间$\mathcal{H}$中的稠定线性算子，则 T 是对称算子，当且仅当$\mathcal{W}(T)\subset\mathbb{R}$.

证明 若 T 是对称线性算子，则显然有$\mathcal{W}(T)\subset\mathbb{R}$. 反之，若$\mathcal{W}(T)\subset\mathbb{R}$，对于任意$f$, $g\in\mathcal{D}(T)$，有

$$\begin{aligned}(f,Tg) &= \frac{1}{4}((f+g,T(f+g))-(f-g,T(f-g))+\mathrm{i}(f+\mathrm{i}g,T(f+\mathrm{i}g))-\mathrm{i}(f-\mathrm{i}g,T(f-\mathrm{i}g)))\\ &= \frac{1}{4}((T(f+g),f+g)-(T(f-g),f-g)+\mathrm{i}(T(f+\mathrm{i}g),f+\mathrm{i}g)-\mathrm{i}(T(f-\mathrm{i}g),f-\mathrm{i}g))\\ &= (Tf,g),\end{aligned}$$

因此，T 是对称算子.

定理 2.1.24 设 T: $\mathcal{D}(T)\to\mathcal{H}$是 Hilbert 空间$\mathcal{H}$中的自伴线性算子，则

(1)若 $\lambda\in\sigma_{\mathrm{p}}(T)$，则 λ 是实数；

(2)若 $\lambda\in\sigma_{\mathrm{p}}(T)$，则$\mathcal{R}(T-\lambda)$在$\mathcal{H}$中稠密，进而 $\sigma_{\mathrm{r}}(T)=\varnothing$；

(3)若 $\lambda\in\sigma_{\mathrm{p}}(T)$，$\lambda\in\mathbb{R}$，则$\mathcal{R}(T-\lambda)=\mathcal{H}$蕴含 $\lambda\in\rho(T)$，$\mathcal{R}(T-\lambda)\neq\mathcal{H}$蕴含 $\lambda\in\sigma_{\mathrm{c}}(T)$；

(4)若 $\lambda\in\sigma(T)$，则$\mathcal{R}(T-\lambda)\neq\mathcal{H}$；

(5)$\sigma(T)\subset\overline{\mathcal{W}(T)}$；

(6)$\sigma(T)\neq\varnothing$.

证明 (1)若 $\lambda\in\sigma_{\mathrm{p}}(T)$，则有 $f\in\mathcal{D}(T)(f\neq0)$，使得 $Tf=\lambda f$. 又由 $T=T^*$ 可知，$(Tf,f)=(f,Tf)$，进而 $\lambda(f,f)=\overline{\lambda}(f,f)$. 因此 $\lambda=\overline{\lambda}$，即 λ 是实数.

(2)若 $\lambda\in\sigma_{\mathrm{p}}(T)$，则有两种情况. 当 λ 是实数时，易知 $T-\lambda$ 也是自伴的，假设 $\overline{\mathcal{H}(T-\lambda)}\neq\mathcal{H}$，则存在 $g\in\mathcal{H}$，$g\neq0$，使得对于任意$f\in\mathcal{D}(T)$，有

$$((T-\lambda)f,g)=(f,(T-\lambda)^*g)=(f,(T-\lambda)g)=0,$$

进而$(T-\lambda)g=0$. 这与$\lambda\in\sigma_{\mathrm{p}}(T)$矛盾. 当$\lambda$不是实数时，假设$\overline{\mathcal{R}(T-\lambda)}\neq\mathcal{H}$，则存在$g\in\mathcal{H}$，$g\neq0$，使得对任意$f\in\mathcal{D}(T)$，$((T-\lambda)f,g)=0$，可推出

$$(T-\lambda)^*g=(T^*-\overline{\lambda})g=(T-\overline{\lambda})g=0,$$

从而$\overline{\lambda}\in\sigma_{\mathrm{p}}(T)$，与$\sigma_{\mathrm{p}}(T)\subset\mathbb{R}$矛盾.

（3）若$\mathcal{R}(T-\lambda)=\mathcal{H}$，则因自伴算子是闭的，根据定义 2.1.21，结论显然成立. 又因为$T-\lambda$是闭的，所以$(T-\lambda)^{-1}$也是闭的. 由（2）可知，$\overline{\mathcal{R}(T-\lambda)}=\mathcal{H}$. 若$(T-\lambda)^{-1}$是有界的，则根据 Banach 闭图像定理，$\mathcal{R}(T-\lambda)$是闭的，与条件矛盾. 因此，$(T-\lambda)^{-1}$是无界的，进而$\lambda\in\sigma_{\mathrm{c}}(T)$.

（4）$\lambda\in\sigma_{\mathrm{p}}(T)$的情况在（3）中已经证明. 若$\lambda\in\sigma_{\mathrm{p}}(T)$，由$\lambda\in\mathbb{R}$且

$$(T-\lambda)^*=T-\lambda$$

可知，

$$\mathcal{R}(T-\lambda)^{\perp}=\mathcal{N}(T-\lambda).$$

因为$\lambda\in\sigma_{\mathrm{p}}(T)$，$\mathcal{N}(T-\lambda)\neq\emptyset$，所以$\mathcal{R}(T-\lambda)\neq\mathcal{H}$.

（5）由（2）可知，$\sigma_{\mathrm{r}}(T)=\emptyset$，从而

$$\sigma(T)=\sigma_{\mathrm{p}}(T)\cup\sigma_{\mathrm{c}}(T).$$

根据定理 2.1.22，有$\sigma(T)\subset\overline{\mathcal{W}(T)}$.

（6）若$\lambda\in\mathbb{C}$，$\mathrm{Im}(\lambda)\neq0$，则根据定理 2.1.23 和（5），$\lambda\in\rho(T)$，因此只需考虑$\lambda\in\mathbb{R}$. 假如$\sigma(T)=\emptyset$，则对于任意$\lambda\in\mathbb{R}$，$(T-\lambda)^{-1}$是定义在$\mathcal{H}$上的有界线性算子. 由

$$\frac{1}{\lambda}(T-\lambda)T^{-1}=\frac{1}{\lambda}-T^{-1},\ \lambda\neq0 \tag{2.1.10}$$

和自伴算子正则点的定义可知，

$$\mathcal{R}\left(\frac{1}{\lambda}(T-\lambda)T^{-1}\right)=\mathcal{H}.$$

在式（2.1.10）的右端，由$0\in\rho(T)$可知，T^{-1}是有界自伴算子，$\sigma(T^{-1})\neq\emptyset$且$0\in\rho(T^{-1})$，进而存在$\lambda_0\neq0$，使得$\frac{1}{\lambda_0}\in\sigma(T^{-1})$. 根据证明（4），$\mathcal{R}\left(\frac{1}{\lambda_0}-T^{-1}\right)\neq\mathcal{H}$矛盾.

2.2 Hilbert 空间中线性算子的数值域

Hilbert 空间的线性算子理论，尤其是自伴算子的谱理论，是数学科学领域在 20 世纪取得的最重要的成果之一. 线性算子的谱在数学的许多分支及其应用中扮演着相当重要的角色. 刻画线性算子的谱的经典工具是数值域.

定义 2.2.1 设$\mathcal{H}$是以$(\cdot,\cdot)$为内积的 Hilbert 空间，$\mathcal{B}(\mathcal{H})$表示$\mathcal{H}$上的有界线性算子的全体，$M\in\mathcal{B}(\mathcal{H})$，则称

$$\mathcal{W}(M)=\{(Mx,\ x):x\in\mathcal{H},\ \|x\|=1\}$$

为 M 的数值域.

注(定义 2.2.1) 当线性算子 M 为 Hilbert 空间上的无界线性算子时，其定义域不一定是全空间，其数值域为$\mathcal{W}(M)=\{(Mx,\ x):x\in\mathcal{D}(M),\ \|x\|=1\}$. 对于无界线性算子而言，它的数值域不一定是有界集，甚至有可能是整个平面.

下面介绍一下数值域的一些基本性质.

命题 2.2.1 Toeplitz-Hausdroff 定理 Hilbert 空间上线性算子 M(不一定有界)的数值域$\mathcal{W}(M)$为复平面上凸集.

命题 2.2.2 若 M, $T\in\mathcal{B}(\mathcal{H})$，则以下结论成立：

(1)$\sigma_{\mathrm{p}}(M)\subseteq\mathcal{W}(M)$，$\sigma(M)\subseteq\overline{\mathcal{W}(M)}$；

(2)$co(\sigma(M))\subseteq\overline{\mathcal{W}(M)}$，当 M 为亚正规算子时等号成立，即 $co(\sigma(M))=\overline{\mathcal{W}(M)}$，其中 $co(A)$表示集合 A 的凸包；

(3)$\mathcal{W}(M)$是复平面$\mathbb{C}$上非空有界紧子集，当$\mathcal{H}$是有限维的；

(4)$M=\mu I$，当且仅当$\mathcal{W}(M)=\mu$；

(5)$M=M^*$，当且仅当$\mathcal{W}(M)\subseteq\mathbb{R}$；

(6)M 为半正定算子，当且仅当$\mathcal{W}(M)\in[0,\ 1)$；

(7)$\mathcal{W}(aM+bI)=a\,\mathcal{W}(M)+b$；

(8)$\mathcal{W}(M+T)\subseteq\mathcal{W}(M)+\mathcal{W}(T)$；

(9)$\mathcal{W}(U^*MU)=\mathcal{W}(M)$，其中 U 是酉算子；

(10)$\mathcal{W}(M^*):=\{\lambda:\bar{\lambda}\in\mathcal{W}(M)\}$.

为了刻画数值域的形状、大小和在平面上的相对位置，可以运用各种参数，其中最重要的参数就是数值半径. 在几何上，它是指以原点为圆心并包含$\overline{\mathcal{W}(M)}$的最小闭圆盘的半径.

定义 2.2.2　设 $M \in \mathcal{B}(\mathcal{H})$，称

$$w(M)=\sup\{|\lambda|: \lambda \in \mathcal{W}(M)\}$$

为 M 的数值半径.

下面介绍数值半径的基本性质. 作为刻画线性算子谱分布的一项重要参数，数值半径与谱半径，即

$$r(M)=\sup\{|\lambda|: \lambda \in \sigma(M)\}$$

有紧密的联系.

命题 2.2.3　设 $M \in \mathcal{B}(\mathcal{H})$，则以下结论成立：

(1) $r(M) \leqslant w(M) \leqslant \|M\|$；

(2) $w(M)=\|M\|$，当且仅当 $r(M)=\|M\|$；

(3) $w(M)=\sup\{\|\mathrm{Re}(e^{i\theta}M)\|: \theta \in \mathbb{R}\}$；

(4) $\frac{\|M\|}{2} \leqslant w(M) \leqslant \|M\|$；

(5) $\lim\limits_{n\to\infty} w(M^n)^{\frac{1}{n}}=r(M)$.

注(命题 2.2.3)　等式 $\frac{\|M\|}{2} \leqslant w(M)$ 的结构条件最初在文献[45]和[46]中出现；更多相等的结论见文献[46].

2.3　Hilbert 空间中线性算子的 n 次数值域

若 Hilbert 空间被分解为两个或 n 个线性子空间的乘积，则线性算子可被分解成算子矩阵的形式. 换言之，Hilbert 空间上的算子矩阵是以线性算子为其元素的矩阵. 众所周知，借助算子的数值域，刻画出的算子谱的分布结果会比较粗糙. 例如，l^2 空间上的双边移位算子的谱是单位圆周，但其数值域的闭包是闭的单位圆盘. 为了更精确地刻画谱的位置信息，1998 年，Langer 和 Tretter 介绍了二次数值域，二次数值域比数值域能更好地刻画谱的位置. 2003 年，Tretter 和 Wagenhofer 将其推广到 n 次数值域，并给出在空间分解加细条件下，相应的 $\hat{n}$ 次数值域包含在 n 次数值域中，并且其闭包包含整体算子的谱，由此给出了谱的更加精细的刻画.

对于任意分块算子矩阵 $\boldsymbol{M} \in \mathcal{B}(\mathcal{H})$，采用空间分解加细的方法，可得到一组单调递减的紧子集列 $\{\overline{\mathcal{W}^k(\boldsymbol{M})}\}_{k=1}^{\infty}$，进而有 $\sigma(\boldsymbol{M}) \subseteq \bigcap\limits_{k=1}^{\infty}\overline{\mathcal{W}^k(\boldsymbol{M})}$. 那么是否存在一组加细的空间分解列，使得在这组分解列下的紧子集列 $\{\overline{\mathcal{W}^k(\boldsymbol{M})}\}_{k=1}^{\infty}$ 满足等式 $\sigma(\boldsymbol{M})=\bigcap\limits_{k=1}^{\infty}\overline{\mathcal{W}^k(\boldsymbol{M})}$?

为此，2011 年，A. Salemi 给出了可分的 Hilbert 空间的完全分解和可估计的分解的概念，并得出结论：对于任意可分的无穷维 Hilbert 空间$\mathcal{H}$，都存在一个线性算子 $\boldsymbol{M}\in\mathcal{B}(\mathcal{H})$ 和两个完全分解，对于$\sigma(\boldsymbol{M})$，其中一个是可估计的，而另一个不是[7]. 而且在论文的最后，Salemi 提出了猜想：对于可分的无穷维 Hilbert 空间上的任意有界算子矩阵 $\boldsymbol{M}$，都存在可估计的分解，使得等式 $\sigma(\boldsymbol{M})=\bigcap\limits_{n=1}^{\infty}\overline{\mathcal{W}^n(\boldsymbol{M})}$ 成立. 如果能证明 Salemi 猜想成立，就可以用算子矩阵的 n 次数值域的闭包去逼近其谱，进而给出一种求解可分的无穷维 Hilbert 空间上算子矩阵的谱的新途径. 可见，解决 Salemi 猜想的意义之重大.

下面介绍有界算子矩阵的 n 次数值域的定义及其相应的性质.

令$\mathcal{H}=\mathcal{H}_1\oplus\mathcal{H}_2\oplus\cdots\oplus\mathcal{H}_n$，其中$\mathcal{H}_1$，$\mathcal{H}_2$，…，$\mathcal{H}_n$ 为 Hilbert 空间. 在上述空间分解下，算子矩阵 $\boldsymbol{M}$ 具有如下的分解：

$$\boldsymbol{M}:=\begin{pmatrix}A_{11} & \cdots & A_{1n}\\ \vdots & & \vdots\\ A_{n1} & \cdots & A_{nn}\end{pmatrix}, \tag{2.3.1}$$

式中，$A_{ij}\in\mathcal{B}(\mathcal{H}_j,\mathcal{H}_i)\,(i,j=1,2,\cdots,n)$.

定义 2.3.1 设 $\boldsymbol{x}=(x_1,x_2,\cdots,x_n)^t\in S^n$，定义 $n\times n$ 矩阵：

$$\boldsymbol{M}_x:=\begin{pmatrix}(A_{11}x_1,x_1) & \cdots & (A_{1n}x_n,x_1)\\ \vdots & & \vdots\\ (A_{n1}x_1,x_n) & \cdots & (A_{nn}x_n,x_n)\end{pmatrix},$$

并称复平面上的点集

$$\mathcal{W}^n(\boldsymbol{M})=\{\lambda\in\mathbb{C}:\exists\, x\in S^n,\ \det(\boldsymbol{M}_x-\lambda)=0\}$$

为 $\boldsymbol{M}$ 的 n 次数值域，其中

$$S^n=\{(x_1,x_2,\cdots,x_n)^t\in\mathcal{H}_1\oplus\mathcal{H}_2\oplus\cdots\oplus\mathcal{H}_n:\ \|x_1\|=\cdots=\|x_n\|=1\}.$$

特别地，当 $n=1$ 时，$\mathcal{W}^1(\boldsymbol{M})$为 $\boldsymbol{M}$ 的数值域；当 $n=2$ 时，$\mathcal{W}^2(\boldsymbol{M})$为 $\boldsymbol{M}$ 的二次数值域.

定义 2.3.2 设 n，$\hat{n}\in\mathbb{N}$，

$$\mathcal{H}=\hat{\mathcal{H}}_1\oplus\hat{\mathcal{H}}_2\oplus\cdots\oplus\hat{\mathcal{H}}_{\hat{n}}=\mathcal{H}_1\oplus\mathcal{H}_2\oplus\cdots\oplus\mathcal{H}_n,$$

若 $n\leqslant\hat{n}$ 且存在整数 $0=i_0<\cdots<i_n=\hat{n}$ 使得

$$\mathcal{H}_k=\hat{\mathcal{H}}_{i_{k-1}+1}\oplus\cdots\oplus\hat{\mathcal{H}}_{i_k}(k=1, 2, \cdots, n),$$

则称空间分解$\hat{\mathcal{H}}_1\oplus\hat{\mathcal{H}}_2\oplus\cdots\oplus\hat{\mathcal{H}}_{\hat{n}}$为空间分解$\mathcal{H}_1\oplus\mathcal{H}_2\oplus\cdots\oplus\mathcal{H}_n$的加细.

下面介绍有界算子矩阵的 n 次数值域的一些简单的性质, 关于 n 次数值域的更多性质, 见文献[6, 9].

注(定义 2.3.2)　设 $\boldsymbol{M}$ 为$\mathcal{H}$上形如(2.3.1)的算子矩阵, 则

(1) $\sigma_{\mathrm{p}}(\boldsymbol{M})\subseteq\mathcal{W}^n(\boldsymbol{M})$, 其中 $\sigma_{\mathrm{p}}(\boldsymbol{M})$ 为 $\boldsymbol{M}$ 的点谱;

(2) $\sigma(\boldsymbol{M})\subseteq\overline{\mathcal{W}^n(\boldsymbol{M})}$, 其中 $\sigma(\boldsymbol{M})$ 为 $\boldsymbol{M}$ 的谱;

(3) $\mathcal{W}^n(\boldsymbol{M})\subseteq\mathcal{W}(\boldsymbol{M})$;

(4) $\mathcal{W}^n(\boldsymbol{M}^*):=\{\lambda: \overline{\lambda}\in\mathcal{W}^n(\boldsymbol{M})\}$;

(5) $\mathcal{W}^{\hat{n}}(\boldsymbol{M})\subseteq\mathcal{W}^n(\boldsymbol{M})$, 其中空间分解$\hat{\mathcal{H}}_1\oplus\hat{\mathcal{H}}_2\oplus\cdots\oplus\hat{\mathcal{H}}_{\hat{n}}$ 是$\mathcal{H}_1\oplus\mathcal{H}_2\oplus\cdots\oplus\mathcal{H}_n$ 的加细.

由此可知,

$$\sigma(\boldsymbol{M})\subseteq\cdots\subseteq\overline{\mathcal{W}^{\hat{n}}(\boldsymbol{M})}\subseteq\overline{\mathcal{W}^n(\boldsymbol{M})}\subseteq\cdots\subseteq\overline{\mathcal{W}(\boldsymbol{M})}.$$

对于单调递减的紧子集列$\{\overline{\mathcal{W}^k(\boldsymbol{M})}\}_{k=1}^{\infty}$, 有

$$\sigma(\boldsymbol{M})\subseteq\bigcap_{k=1}^{\infty}\overline{\mathcal{W}^k(\boldsymbol{M})}.$$

那么, 对于可分的无穷维 Hilbert 空间上有界算子矩阵 $\boldsymbol{M}$, 在什么样的空间分解条件下, 可用其 n 次数值域来逼近它的谱, 即 $\sigma(\boldsymbol{M})=\bigcap\limits_{n=1}^{\infty}\overline{W^n(\boldsymbol{M})}$? 该问题也是本书研究并解决的主要问题之一.

下面的完全分解和可估计的分解的定义是由 A.Salemi[7] 给出.

定义 2.3.3　设$\mathcal{H}$为可分的无穷维 Hilbert 空间, 空间$\mathcal{H}$的一个完全分解是分解列

$$\{\mathcal{H}=\mathcal{H}_1^k\oplus\mathcal{H}_2^k\oplus\cdots\oplus\mathcal{H}_{n_k}^k\}_{k=1}^{\infty},$$

满足:

(1) 第 $k+1$ 项是第 k 项分解的加细;

(2) 不存在这样的子空间$\mathcal{V}$: $\dim(\mathcal{V})>1$, 且对于所有的 $k\in\mathbb{N}$, 存在 $1\leqslant l_k\leqslant n_k$, 使 $V\subseteq\mathcal{H}_{l_k}^k$.

注(定义 2.3.3)　每一个可分的 Hilbert 空间都有一个完全分解.

定义 2.3.4　设 $\boldsymbol{M}\in\mathcal{B}(\mathcal{H})$, 则完全分解

$$\{\mathcal{H}=\mathcal{H}_1^k\oplus\mathcal{H}_2^k\oplus\cdots\oplus\mathcal{H}_{n_k}^k\}_{k=1}^{\infty}$$

被称为$\mathcal{H}$对于$\sigma(\boldsymbol{M})$的可估计的分解，如果$\sigma(\boldsymbol{M})=\bigcap_{k=1}^{\infty}\overline{W^{n_k}(\boldsymbol{M})}$成立.

利用 Hausdorff 度量，可给出可估计的分解的等价表述. Hausdorff 度量(距离)是一个十分重要的工具. 下面先给出 Hausdorff 度量.

定义 2.3.5 令$(\mathcal{X}, d)$为度量空间，

$$\mathfrak{K}(\mathcal{X}):=\{\mathcal{K}\subseteq\mathcal{X}: \mathcal{K}\text{紧}, \mathcal{K}\neq\emptyset\}\subseteq\mathbb{P}(\mathcal{X}),$$

其中，$\mathbb{P}(\mathcal{X})$表示集合$\mathcal{X}$的幂集. 则 Hausdorff 度量$\boldsymbol{d}_H$: $\mathfrak{K}(\mathcal{X})\times\mathfrak{K}(\mathcal{X})\to[0, \infty)$，

$$\boldsymbol{d}_H(\mathcal{K}_1, \mathcal{K}_2):=\max\{\max_{x_1\in\mathcal{K}_1}d(x_1, \mathcal{K}_2), \max_{x_2\in\mathcal{K}_2}d(x_2, \mathcal{K}_1)\},$$

其中，$d(x, \mathcal{K}):=\min\{d(x, y): y\in\mathcal{K}\}$ $(\mathcal{K}\in\mathfrak{K}(\mathcal{X}), x\in\mathcal{X})$(见文献[47]).

注(定义 2.3.5) 对于任意$\varepsilon>0$，$\mathcal{K}_1, \mathcal{K}_2\in\mathfrak{K}(\mathcal{X})$，有等价形式

$$\boldsymbol{d}_H(\mathcal{K}_1, \mathcal{K}_2)<\varepsilon\Leftrightarrow\mathcal{K}_1\subseteq B_\varepsilon(\mathcal{K}_2)\wedge\mathcal{K}_2\subseteq B_\varepsilon(\mathcal{K}_1),$$

其中，对于任意$\varepsilon>0$，$\mathcal{M}\in\mathfrak{K}(\mathcal{X})$，

$$B_\varepsilon(\mathcal{M}):=\bigcup_{x\in\mathcal{M}}B_\varepsilon(x)=\{x\in\mathcal{X}: d(x, \mathcal{M})<\varepsilon\}.$$

通过下面的例子，进一步了解 Hausdorff 度量的性质.

例 2.3.1 令$[1, 3]$和$[2, 5]$分别是实轴$\mathbb{R}$上的两个闭区间，求其 Hausdorff 度量$\boldsymbol{d}_H([1, 3], [2, 5])$.

解

$$\begin{aligned}\boldsymbol{d}_H([1, 3], [2, 5])&=\max\{\max_{x_1\in[1, 3]}d(x_1, [2, 5]), \max_{x_2\in[2, 5]}d(x_2, [1, 3])\}\\&=\max\{1, 2\}=2.\end{aligned}$$

例 2.3.2 设$\mathbb{T}$和$\mathbb{D}$分别是复平面$\mathbb{C}$上的闭单位圆周和闭单位圆盘，求其 Hausdorff 度量$\boldsymbol{d}_H(\mathbb{T}, \mathbb{D})$.

解

$$\boldsymbol{d}_H(\mathbb{T}, \mathbb{D})=\max\{0, 1\}=1.$$

注(例 2.3.2) 简略地讲，Hausdorff 度量是指两个紧子集的“最大的不匹配程度”. Hausdorff 度量等于 0 是指两个紧子集不仅全等而且位置相同. 特别地，算子矩阵的 n 次数值域的闭包与其谱的 Hausdorff 度量趋于 0 是指 n 次数值域的闭包趋于(逼

近)其谱.

定义 2.3.6　设 $\boldsymbol{M}\in\mathcal{B}(\mathcal{H})$, 则可分的无穷维 Hilbert 空间$\mathcal{B}$对于 $\sigma(\boldsymbol{M})$ 的一个完全分解被称为可估计的, 如果对于任意的 $\varepsilon>0$, 存在$\mathcal{K}>0$, 使得当 $k>\mathcal{K}$时有

$$\boldsymbol{d}_H(\sigma(\boldsymbol{M}), \overline{\mathcal{W}^{n_k}(\boldsymbol{M})})<\varepsilon,$$

其中, $\boldsymbol{d}_H$ 是复平面$\mathbb{C}$上紧子集的 Hausdorff 度量.

注(定义 2.3.6)　应注意, 在 Hilbert 空间$\mathcal{H}$是有限维的情形下, 所有的完全分解(当然就只有一种)都是可估计的, 因为 $n\times n$ 矩阵的 n 次数值域等于它的点谱.

第 3 章　Hamilton 算子矩阵的谱

本章研究 Hamilton 算子矩阵的点谱和剩余谱，研究 Hamilton 算子矩阵点谱的分布及其特征函数系具有非退化的辛结构的充要条件，讨论 Hamilton 算子矩阵剩余谱为空集的充要条件.

3.1　Hamilton 算子矩阵的点谱和特征函数系非退化的辛结构

数学物理学、力学中的微分方程均可转化为 Hamilton 系统 $\boldsymbol{u}'=\boldsymbol{Hu}$ 来研究，其中 $\boldsymbol{H}=\begin{pmatrix}A & B\\ C & -A^*\end{pmatrix}$ 是 Hamilton 算子矩阵，$\boldsymbol{u}$ 是整个状态向量. 20 世纪末，钟万勰院士推广了传统分离变量法，提出辛弹性力学求解新方法，即辛 Fourier 级数展开法，为研究弹性及其相关领域提供了新的途径. 该方法基于 Hamilton 系统，采用 Hamilton 算子矩阵特征函数系的级数展开，求得方程得解析解，其理论依据是 Hamilton 算子矩阵的谱理论和 Hamilton 算子矩阵特征函数系的完备性. 该方法的产生，令弹性力学领域很多求解问题得到了解决.

辛 Fourier 级数展开法能够实现的一项重要前提是 Hamilton 算子矩阵的特征函数系具有非退化的辛结构. Hamilton 算子矩阵特征函数系的辛结构的非退化性能够确保特征函数系展开时的系数的存在. 本书研究 Hamilton 算子矩阵特征函数系的非退化的辛结构. 针对斜对角 Hamilton 算子矩阵 $\boldsymbol{H}=\begin{pmatrix}0 & B\\ C & 0\end{pmatrix}$，借助其谱的对称性，给出其特征函数系具有非退化的辛结构的充分必要条件，并进一步刻画了斜对角 Hamilton 算子矩阵的点谱分布在实轴、虚轴和其他区域的条件.

3.1.1　非退化的辛结构

在本章中，$\mathcal{X}$是复 Hilbert 空间，$\mathbb{C}$和$\mathbb{R}$是复数集和实数集，I 是单位算子. 算子 A 的定义域、值域和点谱分别用$\mathcal{D}(A)$、$\mathcal{R}(A)$和$\sigma_{\mathrm{p}}(A)$表示. 将与 $\lambda\in\sigma_{\mathrm{p}}(A)$相应的特征函数全体组成的集合，记为$E(\lambda;A)$，若 $\lambda\in\sigma_{\mathrm{p}}(A)$，则 $E(\lambda;A)$为空集. $\mathrm{Re}(z)$和 $\mathrm{Im}(z)$分别表示复数 z 的实部和虚部. Hilbert 空间$\mathcal{X}\oplus\mathcal{X}$上的内积为通常内积空间上的内积，

用$(\cdot,\cdot)$表示.

定义 3.1.1　设$\boldsymbol{H}=\begin{pmatrix}A & B\\ C & -A^*\end{pmatrix}$: $\mathcal{D}(\boldsymbol{H})\subset\mathcal{X}\oplus\mathcal{X}\to\mathcal{X}\oplus\mathcal{X}$为稠定闭算子. 若$A$是闭算子, B和C是自伴算子, 其中A^*为算子A的共轭算子, 则称$\boldsymbol{H}$为 Hamilton 算子矩阵.

通常, Hamilton 算子矩阵$\boldsymbol{H}$是辛对称算子, 即$\boldsymbol{H}$满足$\boldsymbol{J}_1\boldsymbol{H}\subset(\boldsymbol{J}_1\boldsymbol{H})^*$, 其中$\boldsymbol{J}_1=\begin{pmatrix}0 & I\\ -I & 0\end{pmatrix}$. 称$\boldsymbol{H}$为辛自伴的, 若$\boldsymbol{H}$满足$\boldsymbol{J}_1\boldsymbol{H}=(\boldsymbol{J}_1\boldsymbol{H})^*$. 称$\boldsymbol{H}$为斜对角 Hamilton 算子矩阵, 若$A=0$.

定义 3.1.2　若共轭双线性泛函$\mathcal{B}(\cdot,\cdot)$: $\mathcal{X}\oplus\mathcal{X}\to\mathbb{C}$具有如下性质:

(1) $\mathcal{B}(u,v)=-\overline{\mathcal{B}(v,u)}$, $u,v\in\mathcal{X}$;

(2) 存在$u\in\mathcal{X}$, 使得$\mathcal{B}(u,v)\neq 0$, $v\in\mathcal{X}$,

则称$\mathcal{B}(\cdot,\cdot)$具有非退化的辛结构.

注(定义 3.1.2)　在定义 3.1.2 中, 性质(1)为辛结构, 性质(2)为非退化性. 由$J_1^*=-J_1$可知, 内积$(J_1\cdot,\cdot)$满足

$$(\boldsymbol{J}_1\xi_1,\xi_2)=\overline{(\xi_2,\boldsymbol{J}_1\xi_1)}=\overline{(-\boldsymbol{J}_1\xi_2,\xi_1)}=-\overline{(\boldsymbol{J}_1\xi_2,\xi_1)},$$

其中, $\xi_1=(f_1\ g_1)^t$, $\xi_2=(f_2\ g_2)^t\in\mathcal{X}\oplus\mathcal{X}$. 因此, 由定义 3.1.2(1)可知, 内积$(\boldsymbol{J}_1\cdot,\cdot)$具有辛结构.

3.1.2　斜对角 Hamilton 算子矩阵的特征函数系非退化的辛结构

下面讨论具有谱的非常好的对称性质的斜对角 Hamilton 算子矩阵. 容易验证, 斜对角 Hamilton 算子矩阵$\boldsymbol{H}=\begin{pmatrix}0 & B\\ C & 0\end{pmatrix}$: $\mathcal{D}(C)\times\mathcal{D}(B)\to\mathcal{X}\times\mathcal{X}$是辛自伴的, 即$\boldsymbol{H}$满足

$$\boldsymbol{J}_1\boldsymbol{H}=(\boldsymbol{J}_1\boldsymbol{H})^*,\ \boldsymbol{J}_2\boldsymbol{H}=(\boldsymbol{J}_2\boldsymbol{H})^*,$$

其中, $\boldsymbol{J}_2=\begin{pmatrix}0 & I\\ I & 0\end{pmatrix}$.

引理 3.1.1　设$\boldsymbol{H}=\begin{pmatrix}A & B\\ C & -A^*\end{pmatrix}$: $\mathcal{D}(\boldsymbol{H})\subset\mathcal{X}\times\mathcal{X}\to\mathcal{X}\times\mathcal{X}$是 Hamilton 算子矩阵, 若$\lambda_1,\lambda_2\in\sigma_p(\boldsymbol{H})$, $\lambda_1\neq-\overline{\lambda}_2$, 则$(J_1\xi_1,\xi_2)=0$, 其中$\xi_1\in E(\lambda_1;\boldsymbol{H})$, $\xi_2\in E(\lambda_2;\boldsymbol{H})$(见文献[48]).

引理 3.1.2　设$\boldsymbol{H}=\begin{pmatrix}0 & B\\ C & 0\end{pmatrix}$: $\mathcal{D}(C)\times\mathcal{D}(B)\to\mathcal{X}\times\mathcal{X}$是斜对角 Hamilton 算子矩阵, 则下面结论成立(见文献[1]):

(1) $0\in\sigma_p(\boldsymbol{H})\Leftrightarrow 0\in\sigma_p(B)\cup\sigma_p(C)$；

(2) $\sigma_p(\boldsymbol{H})\setminus\{0\}=\{\lambda\in\mathbb{C}\setminus\{0\}:\lambda^2\in\sigma_p(BC)\}=\{\lambda\in\mathbb{C}\setminus\{0\}:\lambda^2\in\sigma_p(CB)\}$.

定理 3.1.1 设 $\boldsymbol{H}=\begin{pmatrix}0 & B\\ C & 0\end{pmatrix}:\mathcal{D}(C)\times\mathcal{D}(B)\to\mathcal{X}\times\mathcal{X}$ 是斜对角 Hamilton 算子矩阵，则

(1) 如果 $0\in\sigma_p(\boldsymbol{H})$，那么 $(J_1\xi_1,\xi_2)\neq 0$，当且仅当 $\mathcal{N}(B)$ 和 $\mathcal{N}(C)$ 是相互正交的，其中 $\xi_1,\xi_2\in E(0;\boldsymbol{H})$.

(2) 如果 $0\in\sigma_p(\boldsymbol{H})$，那么 $\boldsymbol{H}$ 的特征函数系具有非退化的辛结构，当且仅当下面结论成立：

① $\sigma_p(\boldsymbol{H})$ 关于虚轴对称；

② $E(\lambda^2;BC)$ 和 $E(\overline{\lambda}^2;CB)$ 不是相互正交的，其中 $\lambda\in\mathbb{C}\setminus\{0\}$.

证明 (1) 必要性. 假设 $0\in\sigma_p(\boldsymbol{H})$，$\xi=(fg)^t\in E(0;\boldsymbol{H})$. 由 $H\xi=0$ 易知，$f\in\mathcal{N}(C)$，$g\in\mathcal{N}(B)$. 若 $(J_1\xi,\xi)\neq 0$，则

$$(J_1\xi,\xi)=\left(\begin{pmatrix}0 & I\\ -I & 0\end{pmatrix}\begin{pmatrix}f\\ g\end{pmatrix},\begin{pmatrix}f\\ g\end{pmatrix}\right)=\left(\begin{pmatrix}g\\ -f\end{pmatrix},\begin{pmatrix}f\\ g\end{pmatrix}\right)=(g,f)-(f,g)=-\mathrm{i}\cdot 2\mathrm{Im}((f,g))\neq 0.$$

因此，$(f,g)\neq 0$，可知 $\mathcal{N}(B)$ 和 $\mathcal{N}(C)$ 不是相互正交的.

充分性. 假设 $\mathcal{N}(B)$ 和 $\mathcal{N}(C)$ 不是相互正交的，$f\in\mathcal{N}(C)\ (f\neq 0)$，则存在 $\hat{g}\in\mathcal{N}(B)\ (\hat{g}\neq 0)$，使得 $(f,\hat{g})\neq 0$. 令 $\hat{\xi}_1=(f\hat{g})^t$，$\hat{\xi}_2=(f-\hat{g})^t$，则易知 $\boldsymbol{H}\hat{\xi}_1=0$，$\boldsymbol{H}\hat{\xi}_2=0$，进而 $\hat{\xi}_1,\hat{\xi}_2\in E(0;\boldsymbol{H})$. 由于

$$(J_1\hat{\xi}_1,\hat{\xi}_1)=\left(\begin{pmatrix}0 & I\\ -I & 0\end{pmatrix}\begin{pmatrix}f\\ \hat{g}\end{pmatrix},\begin{pmatrix}f\\ \hat{g}\end{pmatrix}\right)=\left(\begin{pmatrix}\hat{g}\\ -f\end{pmatrix},\begin{pmatrix}f\\ \hat{g}\end{pmatrix}\right)=(\hat{g},f)-(f,\hat{g})=-\mathrm{i}\cdot 2\mathrm{Im}((f,\hat{g})),$$

且

$$(J_1\hat{\xi}_2,\hat{\xi}_1)=\left(\begin{pmatrix}0 & I\\ -I & 0\end{pmatrix}\begin{pmatrix}f\\ -\hat{g}\end{pmatrix},\begin{pmatrix}f\\ \hat{g}\end{pmatrix}\right)=\left(\begin{pmatrix}-\hat{g}\\ -f\end{pmatrix},\begin{pmatrix}f\\ \hat{g}\end{pmatrix}\right)=-(\hat{g},f)-(f,\hat{g})=-2\mathrm{Re}((f,\hat{g})),$$

$(f,\hat{g})\neq 0$ 蕴含 $(J_1\hat{\xi}_1,\hat{\xi}_1)\neq 0$ 或 $(J_1\hat{\xi}_2,\hat{\xi}_1)\neq 0$. 证毕.

(2) 必要性. 假设 $0\in\sigma_p(\boldsymbol{H})$，$\boldsymbol{H}$ 的特征函数系具有非退化的辛结构. 令 $\lambda\in\sigma_p(\boldsymbol{H})$ $(\lambda\neq 0)$ 且 $\xi=(fg)^t\in E(\lambda;\boldsymbol{H})$，则容易证明 $f\neq 0$，$g\neq 0$. 事实上，由 $\boldsymbol{H}\xi=\lambda\xi$ 可知

$$Bg=\lambda f, \tag{3.1.1}$$
$$Cf=\lambda g. \tag{3.1.2}$$

由式(3.1.1)和式(3.1.2)易知，在 $f\neq 0$，$g=0$ 或者 $f=0$，$g\neq 0$ 两种情形下，均可推出 $\lambda=0$. 矛盾. 由于 $\boldsymbol{H}$ 的特征函数系具有非退化的辛结构，根据引理 3.1.1，存在 $\lambda_1\in$

$\sigma_p(\boldsymbol{H})$，$\xi_1\in E(\lambda_1;\boldsymbol{H})$，使得 $\lambda_1=-\overline{\lambda}$ 且 $(J_1\xi_1,\xi)\neq 0$. 因此，$\sigma_p(\boldsymbol{H})$ 关于虚轴对称. ① 成立.

对于任意 $f\in E(\lambda^2;BC)$，存在 $E(\overline{\lambda}^2;CB)$ 中的元素与 f 不正交. 根据引理 3.1.2 和式(3.1.1)与式(3.1.2)，可知 $f\neq 0$，且 $f\in E(\lambda^2;BC)$，即 $BCf=\lambda^2 f$. 因此，若令 $\xi=\left(f\ \frac{1}{\lambda}Cf\right)^t$，则由等式

$$\boldsymbol{H}\xi=\begin{pmatrix}0 & B\\ C & 0\end{pmatrix}\begin{pmatrix}f\\ \frac{1}{\lambda}Cf\end{pmatrix}=\begin{pmatrix}\frac{1}{\lambda}BCf\\ Cf\end{pmatrix}=\lambda\begin{pmatrix}f\\ \frac{1}{\lambda}Cf\end{pmatrix}=\lambda\xi$$

可知，$\xi=\left(f\ \frac{1}{\lambda}Cf\right)^t\in E(\lambda;\boldsymbol{H})$. 其次，对于 $\xi=\left(f\ \frac{1}{\lambda}Cf\right)^t\in E(\lambda;\boldsymbol{H})$，由于 $\boldsymbol{H}$ 的特征函数系具有非退化的辛结构，存在 $\xi_0=\left(-\frac{1}{\overline{\lambda}}Bg_0 g_0\right)^t\in E(-\overline{\lambda};\boldsymbol{H})$，使得

$$(J_1\xi,\xi_0)\neq 0,$$

因而 $(f,g_0)\neq 0$. 事实上，取 $g_0\in E(\overline{\lambda}^2;CB)$，则 $CBg_0=\overline{\lambda}^2 g_0$. 令 $\xi_0=\left(-\frac{1}{\overline{\lambda}}Bg_0 g_0\right)^t$ 则

$$\boldsymbol{H}\xi_0=\begin{pmatrix}0 & B\\ C & 0\end{pmatrix}\begin{pmatrix}-\frac{1}{\overline{\lambda}}Bg_0\\ g_0\end{pmatrix}=\begin{pmatrix}Bg_0\\ -\frac{1}{\overline{\lambda}}CBg_0\end{pmatrix}=\begin{pmatrix}Bg_0\\ -\overline{\lambda}g_0\end{pmatrix}=-\overline{\lambda}\begin{pmatrix}-\frac{1}{\overline{\lambda}}Bg_0\\ g_0\end{pmatrix}=-\overline{\lambda}\xi_0,\tag{3.1.3}$$

因而 $\xi_0\in E(-\overline{\lambda};H)$. 由于

$$\begin{aligned}(J_1\xi,\xi_0)&=\left(\begin{pmatrix}0 & I\\ -I & 0\end{pmatrix}\begin{pmatrix}f\\ \frac{1}{\lambda}Cf\end{pmatrix},\begin{pmatrix}-\frac{1}{\overline{\lambda}}Bg_0\\ g_0\end{pmatrix}\right)=\left(\begin{pmatrix}\frac{1}{\lambda}Cf\\ -f\end{pmatrix},\begin{pmatrix}-\frac{1}{\overline{\lambda}}Bg_0\\ g_0\end{pmatrix}\right)\\ &=\left(\frac{1}{\lambda}Cf,-\frac{1}{\overline{\lambda}}Bg_0\right)-(f,g_0)\\ &=-\frac{1}{\lambda^2}(BCf,g_0)-(f,g_0)\\ &=-\frac{1}{\lambda^2}(\lambda^2 f,g_0)-(f,g_0)=-2(f,g_0),\end{aligned}\tag{3.1.4}$$

$(J_1\xi, \xi_0)\neq 0$ 蕴含$(f, g_0)\neq 0$. ②成立.

充分性. 假设条件①和②成立. 令 $\lambda\in\sigma_p(\boldsymbol{H})$, $\xi=(fg)^t\in E(\lambda; \boldsymbol{H})$, 由条件①可知, $-\overline{\lambda}\in\sigma_p(\boldsymbol{H})$. 根据引理3.1.2(2), $\xi=(fg)^t\in E(\lambda; \boldsymbol{H})$蕴含$f\in E(\lambda^2; BC)$. 由条件②可知, 存在 $g_0\in E(\overline{\lambda}; CB)$, 使得$(f, g_0)\neq 0$. 令 $\xi_0=\left(-\dfrac{1}{\lambda}Bg_0\, g_0\right)^t$, 则从式(3.1.3)可知, $\xi_0\in E(-\overline{\lambda}; \boldsymbol{H})$, 由式(3.1.4)和$(f, g_0)\neq 0$可知, $(J_1\xi, \xi_0)\neq 0$. 因此, $\boldsymbol{H}$ 的特征函数系具有非退化的辛结构.

引理 3.1.3 设 $\boldsymbol{H}=\begin{pmatrix}0 & B\\ C & 0\end{pmatrix}: \mathcal{D}(C)\times\mathcal{D}(B)\to\mathcal{X}\times\mathcal{X}$是斜对角 Hamilton 算子矩阵, 则下面结论成立(见文献[1]):

(1) $\lambda\in\sigma_p(\boldsymbol{H})$, 当且仅当$-\lambda\in\sigma_p(\boldsymbol{H})$;

(2) $\sigma_p(\boldsymbol{H})\cup\sigma_r(\boldsymbol{H})$关于实轴对称; $\sigma_r(\boldsymbol{H})$关于实轴不对称, 如果 $\sigma_r(\boldsymbol{H})\neq\varnothing$;

(3) $\sigma_p(\boldsymbol{H})\cup\sigma_r(\boldsymbol{H})$关于虚轴对称; $\sigma_r(H)$关于虚轴不对称, 如果 $\sigma_r(\boldsymbol{H})\neq\varnothing$.

注(引理 3.1.3) 设 $\boldsymbol{H}=\begin{pmatrix}0 & B\\ C & 0\end{pmatrix}: \mathcal{D}(C)\times\mathcal{D}(B)\to\mathcal{X}\times\mathcal{X}$是斜对角 Hamilton 算子矩阵, 则 $\sigma_p(\boldsymbol{H})$关于虚轴对称, 当且仅当 $\sigma_p(\boldsymbol{H})$关于实轴对称.

证明 根据引理3.1.3, 结论显然成立.

定理 3.1.2 设 $\boldsymbol{H}=\begin{pmatrix}0 & B\\ C & 0\end{pmatrix}: \mathcal{D}(C)\times\mathcal{D}(B)\to\mathcal{X}\times\mathcal{X}$是斜对角 Hamilton 算子矩阵, 则 $\boldsymbol{H}$ 的特征函数系具有非退化的辛结构, 当且仅当在条件(1)成立的同时, 条件(2)和(3)之一成立, 其中:

(1) $E(\lambda^2; BC)$和 $E(\overline{\lambda}^2; CB)$不是正交的, 其中 $\lambda\in\mathbb{C}\setminus\{0\}$;

(2) $\sigma_p(\boldsymbol{H})$关于虚轴或实轴对称;

(3) $\sigma_r(\boldsymbol{H})=\varnothing$.

证明 根据定理3.1.1和注(引理3.1.3), 结论显然成立.

推论 3.1.1 设 $\boldsymbol{H}=\begin{pmatrix}0 & B\\ C & 0\end{pmatrix}: \mathcal{D}(C)\times\mathcal{D}(B)\to\mathcal{X}\times\mathcal{X}$是斜对角 Hamilton 算子矩阵, 若 $B=\pm C$, 则 $\boldsymbol{H}$ 的特征函数系具有非退化的辛结构, 当且仅当以下条件之一成立:

(1) $\sigma_p(\boldsymbol{H})$关于虚轴或实轴对称;

(2) $\sigma_r(\boldsymbol{H})=\varnothing$.

证明 若 $B=\pm C$ 且 $0\in\sigma_p(\boldsymbol{H})$, 则由 B 与 C 是自伴算子可知, $\mathcal{N}(B)$和$\mathcal{N}(C)$不是正交的. 若 $0\in\sigma_p(\boldsymbol{H})$, 显然 $E(\lambda^2; BC)$和 $E(\overline{\lambda}^2; CB)$不是正交的. 此外, 根据引理3.1.3, 对于斜对角 Hamilton 算子矩阵 $\boldsymbol{H}$, $\sigma_p(\boldsymbol{H})$关于虚轴对称等价于 $\sigma_r(\boldsymbol{H})=\varnothing$. 因此, $\boldsymbol{H}$ 的特征函数系具有非退化的辛结构, 当且仅当(1)或(2)成立.

在弹性力学中出现较多的斜对角 Hamilton 算子 $\boldsymbol{H}=\begin{pmatrix}0 & B\\ C & 0\end{pmatrix}$ 的内部元 B 通常是单位算子. 对于此类 Hamilton 算子, 给出如下推论.

推论 3.1.2　设 $\boldsymbol{H}=\begin{pmatrix}0 & B\\ C & 0\end{pmatrix}$: $\mathcal{D}(C)\times\mathcal{D}(B)\to\mathcal{X}\times\mathcal{X}$ 是斜对角 Hamilton 算子矩阵, 若 B 或 C 是单位算子, 则下面结论成立:

(1) 如果 $\sigma_{\mathrm{p}}(\boldsymbol{H})\subset \mathrm{i}\mathbb{R}$, 那么 $\boldsymbol{H}$ 的特征函数系具有非退化的辛结构, 其中 $\mathrm{i}\mathbb{R}=\{\mathrm{i}\lambda:\lambda\in\mathbb{R}\}$;

(2) 如果 $\sigma_{\mathrm{p}}(\boldsymbol{H})\subset\mathbb{R}$, 那么 $\boldsymbol{H}$ 的特征函数系具有非退化的辛结构;

(3) 如果 $\sigma_{\mathrm{p}}(\boldsymbol{H})\subset\mathbb{C}\setminus(\mathbb{R}\cup\mathrm{i}\mathbb{R})$ 且 $\sigma_{\mathrm{p}}(\boldsymbol{H})$ 关于虚轴或实轴对称, 那么 $\boldsymbol{H}$ 的特征函数系具有非退化的辛结构.

证明　根据定理 3.1.2, 结论易证.

下面讨论斜对角 Hamilton 算子矩阵的点谱分别分布于实轴、虚轴及其他区域的条件.

引理 3.1.4　设 $\boldsymbol{H}=\begin{pmatrix}0 & B\\ C & 0\end{pmatrix}$: $\mathcal{D}(C)\times\mathcal{D}(B)\to\mathcal{X}\times\mathcal{X}$ 是斜对角 Hamilton 算子矩阵, 若 $\lambda_1,\lambda_2\in\sigma_{\mathrm{p}}(\boldsymbol{H})$ 且 $\lambda_1\neq\overline{\lambda}_2$, 则 $(\boldsymbol{J}_2\xi_1,\xi_2)=0$, 其中 $\xi_1\in E(\lambda_1;\boldsymbol{H})$, $\xi_2\in E(\lambda_2;\boldsymbol{H})$, $\boldsymbol{J}_2=\begin{pmatrix}0 & I\\ I & 0\end{pmatrix}$.

证明　由于 $\lambda_1,\lambda_2\in\sigma_{\mathrm{p}}(\boldsymbol{H})$, $\xi_1\in E(\lambda_1;\boldsymbol{H})$, $\xi_2\in E(\lambda_2;\boldsymbol{H})$, 在等式 $\boldsymbol{H}\xi_1=\lambda_1\xi_1$ 的两端, 用 $\boldsymbol{J}_2\xi_2$ 做内积, 可得

$$(\boldsymbol{J}_2\xi_2,\boldsymbol{H}\xi_1)=(\boldsymbol{J}_2\xi_2,\lambda_1\xi_1)=\overline{\lambda}_1(\boldsymbol{J}_2\xi_2,\xi_1)=\overline{\lambda}_1(\xi_2,\boldsymbol{J}_2\xi_1).$$

在等式 $\boldsymbol{H}\xi_2=\lambda_2\xi_2$ 的两端, 用 $\boldsymbol{J}_2\xi_1$ 做内积, 可得

$$(\boldsymbol{J}_2\xi_1,\boldsymbol{H}\xi_2)=(\boldsymbol{J}_2\xi_1,\lambda_2\xi_2)=\overline{\lambda}_2(\boldsymbol{J}_2\xi_1,\xi_2).$$

由于

$$(\boldsymbol{J}_2\xi_2,\boldsymbol{H}\xi_1)=(\xi_2,\boldsymbol{J}_2\boldsymbol{H}\xi_1)=(\boldsymbol{J}_2\boldsymbol{H}\xi_2,\xi_1)=(\boldsymbol{H}\xi_2,\boldsymbol{J}_2\xi_1)=\overline{(\boldsymbol{J}_2\xi_1,\boldsymbol{H}\xi_2)},$$

可得

$$\overline{\lambda}_1(\xi_2,\boldsymbol{J}_2\xi_1)=\overline{\overline{\lambda}_2(\boldsymbol{J}_2\xi_1,\xi_2)},$$

即

$$(\lambda_1-\overline{\lambda}_2)(\boldsymbol{J}_2\xi_1,\ \xi_2)=0.$$

再由 $\lambda_1\neq\overline{\lambda}_2$ 可得，$(\boldsymbol{J}_2\xi_1,\ \xi_2)=0$.

注(引理 3.1.4) 设 $\boldsymbol{H}=\begin{pmatrix}0 & B\\ C & 0\end{pmatrix}$: $\mathcal{D}(C)\times\mathcal{D}(B)\to\mathcal{X}\times\mathcal{X}$是斜对角 Hamilton 算子矩阵，若存在某个 $\lambda\in\sigma_{\mathrm{p}}(\boldsymbol{H})$，$\xi\in E(\lambda;\ \boldsymbol{H})$，使得$(\boldsymbol{J}_2\xi,\ \xi)\neq 0$ 成立，则 $\lambda\in\mathbb{R}$.

证明 该结论为引理 3.1.4 的逆否命题.

引理 3.1.5 设 $\boldsymbol{H}=\begin{pmatrix}0 & B\\ C & 0\end{pmatrix}$: $\mathcal{D}(C)\times\mathcal{D}(B)\to\mathcal{X}\times\mathcal{X}$是斜对角 Hamilton 算子矩阵，则下面结论成立：

(1)如果 $\sigma_{\mathrm{p}}(\boldsymbol{H})\subset\mathrm{i}\mathbb{R}\setminus\{0\}$，$E(\lambda^2;\ BC)$和 $E(\lambda^2;\ CB)$不是正交的，那么对于任意的 $\lambda\in\sigma_{\mathrm{p}}(\boldsymbol{H})$，$\xi=(fg)^t\in E(\lambda;\ \boldsymbol{H})$，$(f,\ g)\in\mathrm{i}\mathbb{R}\setminus\{0\}$ 成立；

(2)如果 $\sigma_{\mathrm{p}}(\boldsymbol{H})\subset\mathbb{R}\setminus\{0\}$，$E(\lambda^2;\ BC)$和 $E(\lambda^2;\ CB)$不是正交的，那么对于任意的 $\lambda\in\sigma_{\mathrm{p}}(\boldsymbol{H})$，$\xi=(fg)^t\in E(\lambda;\ \boldsymbol{H})$，$(f,\ g)\in\mathbb{R}\setminus\{0\}$ 成立；

(3)如果 $\sigma_{\mathrm{p}}(\boldsymbol{H})\subset\mathbb{C}\setminus(\mathbb{R}\cup\mathrm{i}\mathbb{R})$，那么对于任意的 $\lambda\in\sigma_{\mathrm{p}}(\boldsymbol{H})$，$\xi=(fg)^t\in E(\lambda;\ \boldsymbol{H})$，$(f,\ g)=0$ 成立.

证明 (1)如果 $\sigma_{\mathrm{p}}(\boldsymbol{H})\subset\mathrm{i}\mathbb{R}\setminus\{0\}$ 成立，那么根据引理 3.1.4，对于任意的 $\lambda\in\sigma_{\mathrm{p}}(\boldsymbol{H})$，$\xi=(f\,g)^t\in E(\lambda;\ \boldsymbol{H})$，有

$$(\boldsymbol{J}_2\xi,\ \xi)=2\mathrm{Re}((f,\ g))=0.$$

根据定理 3.1.2，由于 $E(\lambda^2;\ BC)$和 $E(\lambda^2;\ CB)$不是正交的，可知 $\boldsymbol{H}$ 的特征函数系具有非退化的辛结构，因此

$$(J_1\xi,\ \xi)=-\mathrm{i}\cdot 2\mathrm{Im}((f,\ g))\neq 0.$$

进一步，有$(f,\ g)\in\mathrm{i}\mathbb{R}\setminus\{0\}$.

(2)如果 $\sigma_{\mathrm{p}}(\boldsymbol{H})\subset\mathbb{R}\setminus\{0\}$ 成立，那么根据引理 3.1.1，对于任意的 $\lambda\in\sigma_{\mathrm{p}}(\boldsymbol{H})$，$\xi=(f\,g)^t\in E(\lambda;\ H)$，有

$$(J_1\xi,\ \xi)=-\mathrm{i}\cdot 2\mathrm{Im}((f,\ g))=0.$$

由于 $E(\lambda^2;\ BC)$和 $E(\lambda^2;\ CB)$不是正交的，根据定理 3.1.2，可知 $\boldsymbol{H}$ 的特征函数系具有非退化的辛结构. 由于 $\lambda\in\mathbb{R}\setminus\{0\}$，可知 $\xi=(fg)^t\in E(\lambda;\ \boldsymbol{H})$等价于 $f\in E(\lambda^2;\ BC)$且 $g\in E(\lambda^2;\ CB)$. 由式(3.1.3)可知 $\xi_0=\left(-\frac{1}{\lambda}Bg,\ g\right)^t\in E(-\lambda;\ H)$，再根据

式(3.1.4)，$\boldsymbol{H}$ 的特征函数系具有非退化的辛结构，蕴含

$$(J_1\xi, \xi_0) = -2(f, g) \neq 0.$$

因此，$(f, g) \in \mathbb{R} \setminus \{0\}$.

(3)如果 $\sigma_p(\boldsymbol{H}) \subset \mathbb{C} \setminus (\mathbb{R} \cup i\mathbb{R})$，那么根据引理 3.1.1 和引理 3.1.4，对于任意的 $\lambda \in \sigma_p(\boldsymbol{H})$，$\xi \in E(\lambda; \boldsymbol{H})$，$(\boldsymbol{J_2}\xi, \xi) = 0$ 和 $(J_1\xi, \xi) = 0$ 均成立. 因此，$(f, g) = 0$.

引理 3.1.6　设 $\boldsymbol{H} = \begin{pmatrix} 0 & B \\ C & 0 \end{pmatrix}$：$\mathcal{D}(C) \times \mathcal{D}(B) \to \mathcal{X} \times \mathcal{X}$ 是斜对角 Hamilton 算子矩阵，若 $B|_{E_2(\lambda; \boldsymbol{H})}$ 或 $C|_{E_1(\lambda; \boldsymbol{H})}$ 是半定算子，则

$$\sigma_p(\boldsymbol{H}) \subset (\mathbb{R} \cup i\mathbb{R}),$$

其中，$B|_{E_2(\lambda; \boldsymbol{H})}$ 和 $C|_{E_1(\lambda; \boldsymbol{H})}$ 分别是算子 B，C 在空间 $E_2(\lambda; \boldsymbol{H})$，$E_1(\lambda; \boldsymbol{H})$ 上的限制，$E(\lambda; \boldsymbol{H}) = (E_1(\lambda; \boldsymbol{H}) E_2(\lambda; \boldsymbol{H}))^t$.

定理 3.1.3　设 $\boldsymbol{H} = \begin{pmatrix} 0 & B \\ C & 0 \end{pmatrix}$：$\mathcal{D}(C) \times \mathcal{D}(B) \to \mathcal{X} \times \mathcal{X}$ 是斜对角 Hamilton 算子矩阵，若 $E(\lambda^2; BC)$ 和 $E(\overline{\lambda}^2; CB)$ 不是正交的，则下面结论成立：

(1)$\sigma_p(\boldsymbol{H}) \subset \mathbb{R} \setminus \{0\}$，当且仅当 $(Bg, g) = (Cf, f) \neq 0$ 且 $(f, g) \in \mathbb{R} \setminus \{0\}$，其中 $\lambda \in \sigma_p(\boldsymbol{H})$，$\xi = (fg)^t \in E(\lambda; \boldsymbol{H})$；

(2)$\sigma_p(\boldsymbol{H}) \subset i\mathbb{R} \setminus \{0\}$，当且仅当 $(Bg, g) = -(Cf, f) \neq 0$ 且 $(f, g) \in i\mathbb{R} \setminus \{0\}$，其中 $\lambda \in \sigma_p(\boldsymbol{H})$，$\xi = (fg)^t \in E(\lambda; \boldsymbol{H})$；

(3)$\sigma_p(\boldsymbol{H}) \subset (\mathbb{C} \setminus (\mathbb{R} \cup i\mathbb{R})) \cup \{0\}$，当且仅当 $(Bg, g) = (Cf, f) = 0$，其中 $\lambda \in \sigma_p(\boldsymbol{H})$，$\xi = (fg)^t \in E(\lambda; \boldsymbol{H})$.

证明　只需证明(1)和(3)，(2)的证明与(1)类似.

(1)假设 $\lambda \in \sigma_p(\boldsymbol{H}) \subset \mathbb{R} \setminus \{0\}$，$\xi = (f\ g)^t \in E(\lambda; H)$. 由式(3.1.1)和式(3.1.2)可知，$f \neq 0$ 且 $g \neq 0$，在式(3.1.1)两端用 g 做内积，在式(3.1.2)的两端用 f 做内积，可得

$$(Bg, g) = \lambda(f, g), \tag{3.1.5}$$
$$(Cf, f) = \lambda(g, f) \tag{3.1.6}$$

由于 $\lambda \in \mathbb{R} \setminus \{0\}$，经式(3.1.5)和式(3.1.6)的和与式(3.1.5)和式(3.1.6)的差，可知

$$(Bg, g) + (Cf, f) = 2\lambda \mathrm{Re}((f, g)), \tag{3.1.7}$$
$$(Bg, g) - (Cf, f) = 2\lambda i \mathrm{Im}((f, g)) \tag{3.1.8}$$

根据引理 3.1.5，有$(f, g)\in\mathbb{R}\setminus\{0\}$，再由式(3.1.7)和式(3.1.8)，可知

$$(Bg, g)=(Cf, f)\neq 0.$$

反之，假设$(Bg, g)=(Cf, f)\neq 0$且$(f, g)\in\mathbb{R}\setminus\{0\}$，由于$B$和$C$是自伴算子，可知$(Bg, g)$和$(Cf, f)$均为实数. 再由式(3.1.7)和式(3.1.8)，易知$\lambda\in\mathbb{R}\setminus\{0\}$.

(3)的证明分以下两种情况.

情况 1：考虑$0\in\sigma_p(\boldsymbol{H})$，$\xi=(f\ g)^t\in E(0;\boldsymbol{H})$. 根据式(3.1.5)和式(3.1.6)，有

$$(Bg, g)=(Cf, f)=0.$$

反之，若$(Bg, g)=(Cf, f)=0$，其中$\lambda\in\sigma_p(\boldsymbol{H})$，$\xi=(f\ g)^t\in E(\lambda;\boldsymbol{H})$，则$\lambda=0$. 倘若不然，若$\lambda\neq 0$，由于$B|_{E_2(\lambda;\boldsymbol{H})}$和$C|_{E_1(\lambda;\boldsymbol{H})}$是半定算子，根据引理 3.1.6，可知$\sigma_p(\boldsymbol{H})\subset(\mathbb{R}\cup i\mathbb{R})\setminus\{0\}$，再由引理 3.1.5 可知$(f, g)\neq 0$. 由式(3.1.5)和式(3.1.6)，可知$(Bg, g)\neq 0$或$(Cf, f)\neq 0$. 矛盾.

情况 2：考虑$\sigma_p(\boldsymbol{H})\subset\mathbb{C}\setminus(\mathbb{R}\cup i\mathbb{R})$. 对于$\lambda\in\sigma_p(\boldsymbol{H})\subset\mathbb{C}\setminus(\mathbb{R}\cup i\mathbb{R})$，$\xi=(f\ g)^t\in E(\lambda;\boldsymbol{H})$，经式(3.1.5)和式(3.1.6)的和与式(3.1.5)和式(3.1.6)的差，可知

$$(Bg, g)+(f, Cf)=2\mathrm{Re}(\lambda)(f, g), \tag{3.1.9}$$
$$(Bg, g)-(f, Cf)=i\cdot 2\mathrm{Im}(\lambda)(f, g). \tag{3.1.10}$$

根据引理 3.1.5，可知$(f, g)=0$. 因此，根据式(3.1.9)和式(3.1.10)，可知

$$(Bg, g)=(Cf, f)=0.$$

反之，假设$(Bg, g)=(Cf, f)=0$，对于任意的$\lambda\in\sigma_p(\boldsymbol{H})$，$\lambda\neq 0$和$\xi=(f\ g)^t\in E(\lambda;\boldsymbol{H})$成立. 采用反证法，如果$\sigma_p(\boldsymbol{H})\subset i\mathbb{R}\setminus\{0\}$，根据引理 3.1.5，有$(f, g)\in i\mathbb{R}\setminus\{0\}$，进而式(3.1.9)不成立. 矛盾. 如果$\sigma_p(\boldsymbol{H})\subset\mathbb{R}\setminus\{0\}$，根据引理 3.1.5，有$(f, g)\in\mathbb{R}\setminus\{0\}$，进而式(3.1.9)不成立. 矛盾. 因此，$\sigma_p(\boldsymbol{H})\subset\mathbb{C}\setminus(\mathbb{R}\cup i\mathbb{R})$.

推论 3.1.3 设$\boldsymbol{H}=\begin{pmatrix}0 & B\\ C & 0\end{pmatrix}:\mathcal{D}(C)\times\mathcal{D}(B)\to\mathcal{X}\times\mathcal{X}$是斜对角 Hamilton 算子矩阵，$B|_{E_2(\lambda;\boldsymbol{H})}$和$C|_{E_1(\lambda;\boldsymbol{H})}$之一为半定算子，$E(\lambda^2; BC)$和$E(\overline{\lambda}^2; CB)$不是正交的，则下面结论成立：

(1)$\sigma_p(\boldsymbol{H})\subset\mathbb{R}$，当且仅当$B|_{E_2(\lambda;\boldsymbol{H})}\geqslant 0$和$C|_{E_1(\lambda;\boldsymbol{H})}\geqslant 0$成立或$-B|_{E_2(\lambda;\boldsymbol{H})}\geqslant 0$和$-C|_{E_1(\lambda;\boldsymbol{H})}\geqslant 0$成立，其中$B|_{E_2(\lambda;\boldsymbol{H})}\geqslant 0$意味着$B|_{E_2(\lambda;\boldsymbol{H})}$是正算子，即$(B|_{E_2(\lambda;\boldsymbol{H})}g, g)\geqslant 0$，$g\in E_2(\lambda;\boldsymbol{H})$；

(2)$\sigma_p(\boldsymbol{H})\subset i\mathbb{R}$，当且仅当$B|_{E_2(\lambda;\boldsymbol{H})}\geqslant 0$和$-C|_{E_1(\lambda;\boldsymbol{H})}\geqslant 0$成立或$-B|_{E_2(\lambda;\boldsymbol{H})}\geqslant 0$和$C|_{E_1(\lambda;\boldsymbol{H})}\geqslant 0$成立；

(3) $\sigma_p(\boldsymbol{H}) \subset (\mathbb{C} \setminus (\mathbb{R} \cup \mathrm{i}\mathbb{R})) \cup \{0\}$，当且仅当 $B|_{E_2(\lambda;\boldsymbol{H})}$ 和 $C|_{E_1(\lambda;\boldsymbol{H})}$ 是保守算子，即 $(B|_{E_2(\lambda;\boldsymbol{H})}g, g) = (C|_{E_1(\lambda;\boldsymbol{H})}f, f) = 0$，$f \in E_1(\lambda; \boldsymbol{H})$，$g \in E_2(\lambda; \boldsymbol{H})$.

证明　根据定理 3.1.3，结论显然成立.

推论 3.1.4　设 $\boldsymbol{H} = \begin{pmatrix} 0 & B \\ C & 0 \end{pmatrix}$：$\mathcal{D}(C) \times \mathcal{D}(B) \to \mathcal{X} \times \mathcal{X}$ 是斜对角 Hamilton 算子矩阵，若 B 或 C 之一为单位算子，则下面结论成立：

(1) $\sigma_p(\boldsymbol{H}) \subset \mathbb{R} \setminus \{0\}$，当且仅当 $(Bg, g) = (Cf, f) \neq 0$，且 $(f, g) \in \mathbb{R} \setminus \{0\}$，其中 $\lambda \in \sigma_p(\boldsymbol{H})$，$\xi = (f\ g)^t \in E(\lambda; \boldsymbol{H})$；

(2) $\sigma_p(\boldsymbol{H}) \subset \mathrm{i}\mathbb{R} \setminus \{0\}$，当且仅当 $(Bg, g) = -(Cf, f) \neq 0$，且 $(f, g) \in \mathrm{i}\mathbb{R} \setminus \{0\}$，其中 $\lambda \in \sigma_p(\boldsymbol{H})$，$\xi = (f\ g)^t \in E(\lambda; \boldsymbol{H})$；

(3) $\sigma_p(\boldsymbol{H}) \subset (\mathbb{C} \setminus (\mathbb{R} \cup \mathrm{i}\mathbb{R})) \cup \{0\}$，当且仅当 $(Bg, g) = (Cf, f) = 0$，其中 $\lambda \in \sigma_p(\boldsymbol{H})$，$\xi = (f\ g)^t \in E(\lambda; \boldsymbol{H})$.

证明　根据定理 3.1.3，结论显然成立.

3.1.3　两对边简支的矩形薄板的自由振动问题和弦振动问题举例

下面举两个例子验证上述给出的结论. 令 $\mathcal{X} = L^2[0, 1]$.

例 3.1.1　考虑两对边简支矩形薄板的自由振动问题.

$$D\left(\frac{\partial^2}{\partial x^2} + \frac{\partial^2}{\partial y^2}\right)^2 W - \rho\omega^2 W = 0, \tag{3.1.11}$$

式中，$W(x, y)$ 是振动模式；ρ 是质量密度；D 是弯曲刚度；ω 是自然频率.

简支边 $y=0$ 和 $y=1$ 的边界条件为

$$W = 0,\ \frac{\partial^2 W}{\partial y^2} = 0,\ y = 0,\ y = 1. \tag{3.1.12}$$

引进弯矩函数

$$M_x = -D\left(\frac{\partial^2 W}{\partial x^2} + \nu\frac{\partial^2 W}{\partial y^2}\right),\ M_y = -D\left(\frac{\partial^2 W}{\partial y^2} + \nu\frac{\partial^2 W}{\partial x^2}\right),$$

则

$$M_x + M_y = -D(1+\nu)\nabla^2 W.$$

令

$$M = -\frac{M_x + M_y}{D(1+\nu)} = \nabla^2 W,\ \theta = \frac{\partial W}{\partial x},\ \phi = \frac{\partial M}{\partial x},$$

$$\frac{\partial\theta}{\partial x}=\frac{\partial^2 W}{\partial x^2}=M-\frac{\partial^2 W}{\partial y^2},\ \frac{\partial\phi}{\partial x}=\frac{\partial^2 M}{\partial x^2}=-\frac{\partial^2 M}{\partial y^2}+\frac{\rho\omega^2}{D}W,$$

则式(3.1.11)可被转化成 Hamilton 系统：

$$\frac{\partial}{\partial x}\begin{pmatrix} W \\ M \\ \phi \\ \theta \end{pmatrix}=\begin{pmatrix} 0 & 0 & 0 & I \\ 0 & 0 & I & 0 \\ \dfrac{\rho\omega^2}{D} & -\dfrac{\partial^2}{\partial y^2} & 0 & 0 \\ -\dfrac{\partial^2}{\partial y^2} & I & 0 & 0 \end{pmatrix}\begin{pmatrix} W \\ M \\ \phi \\ \theta \end{pmatrix}.$$

记

$$\boldsymbol{H}=\begin{pmatrix} 0 & B \\ C & 0 \end{pmatrix}=\begin{pmatrix} 0 & 0 & 0 & I \\ 0 & 0 & I & 0 \\ \dfrac{\rho\omega^2}{D} & -\dfrac{\partial^2}{\partial y^2} & 0 & 0 \\ -\dfrac{\partial^2}{\partial y^2} & I & 0 & 0 \end{pmatrix}.$$

根据边界条件式(3.1.12)，有

$$\mathcal{D}(\boldsymbol{H})=\left\{(W\quad M\quad \phi\quad \theta)^t\in\mathcal{X}^4 \,\middle|\, \begin{array}{l} W(0)=W(1)=M(0)=M(1)=0,\ W',\ M'\text{均} \\ \text{绝对连续},\ W'',\ M''\in L^2[0,1] \end{array}\right\}.$$

经直接计算，可得

$$\sigma_{\mathrm{p}}(\boldsymbol{H})=\left\{\lambda_k=(\operatorname{sgn}k)\sqrt{(k\pi)^2+\sqrt{\frac{\rho\omega^2}{D}}},\ k=\pm1,\ \pm2,\ \cdots\right\},$$

其中，$\operatorname{sgn}k$ 是通常的符号函数，特征值 $\lambda_k(k=\pm1,\ \pm2,\ \cdots)$ 对应的特征函数为

$$\boldsymbol{\xi}_k=\left(\sqrt{\frac{D}{\rho\omega^2}}\sin k\pi y\quad \sin k\pi y\quad \lambda_k\sin k\pi y\quad \lambda_k\sqrt{\frac{D}{\rho\omega^2}}\sin k\pi y\right)^t.$$

记 $\boldsymbol{\xi}_k=(\xi_k^{(1)}\xi_k^{(2)}\xi_k^{(3)}\xi_k^{(4)})^t(k=\pm1,\ \pm2,\ \cdots)$，则

$$(J_1\xi_k,\ \xi_{-k})=\left(\begin{pmatrix}0&0&I&0\\0&0&0&I\\-I&0&0&0\\0&-I&0&0\end{pmatrix}\begin{pmatrix}\xi_k^{(1)}\\\xi_k^{(2)}\\\xi_k^{(3)}\\\xi_k^{(4)}\end{pmatrix},\ \begin{pmatrix}\xi_{-k}^{(1)}\\\xi_{-k}^{(2)}\\\xi_{-k}^{(3)}\\\xi_{-k}^{(4)}\end{pmatrix}\right)$$

$$=(\xi_k^{(3)},\ \xi_{-k}^{(1)})+(\xi_k^{(4)},\ \xi_{-k}^{(2)})-(\xi_k^{(1)},\ \xi_{-k}^{(3)})-(\xi_k^{(2)},\ \xi_{-k}^{(4)})$$

$$=\int_0^1\lambda_k\sin k\pi y\cdot\sqrt{\frac{D}{\rho\omega^2}}\sin(-k)\pi y\mathrm{d}y+\int_0^1\lambda_k\sqrt{\frac{D}{\rho\omega^2}}\sin k\pi y\cdot\sin(-k)\pi y\mathrm{d}y-$$

$$\int_0^1\sqrt{\frac{D}{\rho\omega^2}}\sin k\pi y\cdot\lambda_{-k}\sin(-k)\pi y\mathrm{d}y-\int_0^1\sin k\pi y\cdot\lambda_{-k}\sqrt{\frac{D}{\rho\omega^2}}\sin(-k)\pi y\mathrm{d}y$$

$$=(\lambda_{-k}-\lambda_k)\cdot\sqrt{\frac{D}{\rho\omega^2}}=-2\sqrt{\frac{k^2\pi^2D}{\rho\omega^2}+\sqrt{\frac{D}{\rho\omega^2}}}\neq0.$$

因此, $\boldsymbol{H}$ 的特征函数系具有非退化的辛结构, 推论 3. 1. 2 的结论成立.

此外,

$$(Bg,\ g)=\left(\begin{pmatrix}0&I\\I&0\end{pmatrix}\begin{pmatrix}\xi_k^{(3)}\\\xi_k^{(4)}\end{pmatrix},\ \begin{pmatrix}\xi_k^{(3)}\\\xi_k^{(4)}\end{pmatrix}\right)$$

$$=\left(\begin{pmatrix}0&I\\I&0\end{pmatrix}\begin{pmatrix}\lambda_k\sin k\pi y\\\lambda_k\sqrt{\frac{D}{\rho\omega^2}}\sin k\pi y\end{pmatrix},\ \begin{pmatrix}\lambda_k\sin k\pi y\\\lambda_k\sqrt{\frac{D}{\rho\omega^2}}\sin k\pi y\end{pmatrix}\right)$$

$$=-1-k^2\pi^2\sqrt{\frac{D}{\rho\omega^2}},$$

$$(Cf,\ f)=\left(\begin{pmatrix}\frac{\rho\omega^2}{D}&-\frac{\partial^2}{\partial y^2}\\-\frac{\partial^2}{\partial y^2}&I\end{pmatrix}\begin{pmatrix}\xi_k^{(1)}\\\xi_k^{(2)}\end{pmatrix},\ \begin{pmatrix}\xi_k^{(1)}\\\xi_k^{(2)}\end{pmatrix}\right)$$

$$=\left(\begin{pmatrix}\frac{\rho\omega^2}{D}&-\frac{\partial^2}{\partial y^2}\\-\frac{\partial^2}{\partial y^2}&I\end{pmatrix}\begin{pmatrix}\sqrt{\frac{D}{\rho\omega^2}}\sin k\pi y\\\sin k\pi y\end{pmatrix},\ \begin{pmatrix}\sqrt{\frac{D}{\rho\omega^2}}\sin k\pi y\\\sin k\pi y\end{pmatrix}\right)$$

$$=-1-k^2\pi^2\sqrt{\frac{D}{\rho\omega^2}}.$$

因此, $(Bg,\ g)=(Cf,\ f)\neq0$, 定理 3. 1. 3 的结论成立.

例 3.1.2 考虑弦的振动问题.

$$\begin{cases}\dfrac{\partial^2 u}{\partial t^2}=\dfrac{\partial^2 u}{\partial x^2}, & t>0,\ 0<x<1,\\ u(t,\ 0)=u(t,\ 1)=0, & t\geqslant 0,\\ u(0,\ x)=\phi(x),\ u_t(0,\ x)=\phi(x), & 0\leqslant x\leqslant 1.\end{cases} \tag{3.1.13}$$

令 $v=\dfrac{\partial u}{\partial t}$, 则式(3.1.13)被转化成 Hamilton 系统:

$$\frac{\partial}{\partial t}\begin{pmatrix}u\\ v\end{pmatrix}=\begin{pmatrix}0 & I\\ \dfrac{\partial^2}{\partial x^2} & 0\end{pmatrix}\begin{pmatrix}u\\ v\end{pmatrix},$$

其中,

$$\boldsymbol{H}=\begin{pmatrix}0 & B\\ C & 0\end{pmatrix}=\begin{pmatrix}0 & I\\ \dfrac{\partial^2}{\partial x^2} & 0\end{pmatrix},$$

且

$$D(\boldsymbol{H})=\left\{(u\,v)^t\in\mathcal{X}^2\ \middle|\ \begin{array}{l}u(0)=u(1)=0,\\ u'\text{绝对连续},\ u',\ u''\in L^2[0,\ 1]\end{array}\right\}.$$

经直接计算, 可得

$$\sigma_{\mathrm{p}}(\boldsymbol{H})=\{\lambda_k=\mathrm{i}k\pi,\ k=\pm1,\ \pm2,\ \cdots\},$$

且特征值 $\lambda_k(k=\pm1,\ \pm2,\ \cdots)$ 对应的特征函数为

$$\xi_k=(\sin k\pi x\quad \mathrm{i}k\pi\sin k\pi x)^t.$$

记 $\xi_k=(\xi_k^{(1)}\xi_k^{(2)})^t(k=\pm1,\ \pm2,\ \cdots)$, 则

$$\begin{aligned}(J_1\xi_k,\ \xi_k)&=\left(\begin{pmatrix}0 & I\\ -I & 0\end{pmatrix}\begin{pmatrix}\sin k\pi x\\ \mathrm{i}k\pi\sin k\pi x\end{pmatrix},\ \begin{pmatrix}\sin k\pi x\\ \mathrm{i}k\pi\sin k\pi x\end{pmatrix}\right)\\ &=(\mathrm{i}k\pi\sin k\pi x,\ \sin k\pi x)-(\sin k\pi x,\ \mathrm{i}k\pi\sin k\pi x)\\ &=\mathrm{i}k\pi\neq 0.\end{aligned}$$

因而, $\boldsymbol{H}$ 的特征函数系具有非退化的辛结构, 推论 3.1.2 的结论成立.

此外,

$$(Bg,\ g)=(B\xi_k^{(2)},\ \xi_k^{(2)})=(\mathrm{i}k\pi\sin k\pi x,\ \mathrm{i}k\pi\sin k\pi x)=\frac{k^2\pi^2}{2},$$

$$(Cf,\ f)=(C\xi_k^{(1)},\ \xi_k^{(1)})=(-k^2\pi^2\sin k\pi x,\ \sin k\pi x)=-\frac{k^2\pi^2}{2}.$$

因此, $(Bg,\ g)=-(Cf,\ f)\neq 0$, 定理 3.1.3 的结论成立.

3.1.4　结论

本节研究在物理、力学中具有广泛应用的一类算子矩阵——斜对角 Hamilton 算子矩阵的点谱和特征函数系的非退化的辛结构. 作为辛 Fourier 级数展开方法的理论基础, 无穷维 Hamilton 系统的点谱的分布和特征函数系的非退化的辛结构尤为重要. 然而, 辛结构的非退化性尚未得到证明. 此外, 在实际问题中, 斜对角 Hamilton 算子的点谱是实数或纯虚数, 因此给出斜对角 Hamilton 算子矩阵的点谱包含于实轴或虚轴的充分必要条件. 本节的结论是基于 Hamilton 算子矩阵特有的算子结构, 对其他算子矩阵可能不适用.

3.2　上三角 Hamilton 算子矩阵的谱的对称性

Hamilton 算子矩阵源自无穷维 Hamilton 正则系统

$$\frac{\partial \boldsymbol{u}(t)}{\partial t}=\boldsymbol{H}\boldsymbol{u}(t),$$

其中, $\boldsymbol{H}$ 是 Hamilton 算子矩阵; $\boldsymbol{u}(t)$ 是 Hilbert 空间中以时间变量 t 为参数的向量值函数. 将弹性力学、流体力学中的偏微分方程求解问题转化成无穷维 Hamilton 正则系统来研究, 是解决力学问题的新的有效方法. 无穷维 Hamilton 正则系统的辛 Fourier 级数展开法或算子半群方法, 均以 Hamilton 算子矩阵的谱理论为理论基础.

众所周知, 线性算子的剩余谱与其特征函数系的完备性具有紧密的联系. 例如, 自伴算子的特征函数系在 Hilbert 空间中完备与其剩余谱是空集有关, 这一性质既为自伴算子的特征函数展开法提供了理论依据, 也为求解数学、物理中的初边值问题带了极大的便利. 然而, 并非所有的 Hamilton 算子矩阵 $\boldsymbol{H}$ 的剩余谱 $\sigma_{\mathrm{r}}(\boldsymbol{H})$ 都是空集, Hamilton 算子矩阵的剩余谱影响着 Hamilton 算子矩阵特征函数系的辛 Fourier 级数展开法的实现.

此外，Hamilton 算子矩阵剩余谱的非空性，特别是 1-类剩余谱 $\sigma_{r_1}(\boldsymbol{H})$ 的非空性也是其生成算子半群的主要障碍之一. 深入研究 Hamilton 算子矩阵的剩余谱为空集的充要条件，可进一步研究 Hamilton 算子矩阵的半群方法及无穷维 Hamilton 正则系统解的适定性. 因此，Hamilton 算子矩阵谱结构的研究也是具有重要应用价值的研究课题. 学界从不同的角度刻画 Hamilton 算子矩阵的点谱和剩余谱. 本节基于对点谱 $\sigma_p(\boldsymbol{H})$ 和剩余谱 $\sigma_r(\boldsymbol{H})$ 的进一步分类，精细地刻画亏谱 $\sigma_\delta(\boldsymbol{H})$、压缩谱 $\sigma_{com}(\boldsymbol{H})$ 和近似点谱 $\sigma_{app}(\boldsymbol{H})$ 及它们之间的关系，并借助辛自伴 Hamilton 算子矩阵的谱关于虚轴的对称性，给出其剩余谱 $\sigma_r(\boldsymbol{H})$、1-类剩余谱 $\sigma_{r_1}(\boldsymbol{H})$、2-类剩余谱 $\sigma_{r_2}(\boldsymbol{H})$ 分别是空集的充要条件. 特别地，对上三角 Hamilton 算子矩阵 $\boldsymbol{H}=\begin{pmatrix} A & B \\ 0 & -A^* \end{pmatrix}$，采用空间分解方法，用行(列)算子、内部元算子的零空间、值域的性质，给出其剩余谱、1-类剩余谱是空集的充要条件.

3.2.1 各类谱点的精细分类

在本节，$\mathcal{X}$为复无穷维 Hilbert 空间. T^*、$\mathcal{D}(T)$、$\mathcal{N}(T)$和$\mathcal{R}(T)$分别是线性算子 T 的共轭算子、定义域、零空间和值域. $\overline{\mathcal{V}}$和$\mathcal{V}^\perp$分别为 Hilbert 空间中线性子空间$\mathcal{V}$的闭包和正交补. $\mathbb{R}$，$\mathbb{C}$ 分别为实数集和复数集. 集合 $S\subset\mathbb{C}$ 的补集合，即$\mathbb{C}\setminus S$，记为 S^c. 对稠定闭算子，有如下谱集的分类.

定义 3.2.1 设 T 是 Hilbert 空间$\mathcal{X}$中的稠定闭算子，则 T 的预解集 $\rho(T)$ 和谱集 $\sigma(T)$ 分别为

$$\rho(T)=\{\lambda\in\mathbb{C}:T-\lambda \text{ 是双射}\},$$

$$\sigma(T)=\mathbb{C}\setminus\rho(T).$$

谱集 $\sigma(T)$ 通常被分为互不相交三个集合——点谱 $\sigma_p(T)$、连续谱 $\sigma_c(T)$ 和剩余谱 $\sigma_r(T)$，即

$$\sigma(T)=\sigma_p(T)\cup\sigma_c(T)\cup\sigma_r(T),$$

其中

$$\sigma_p(T)=\{\lambda\in\mathbb{C}:T-\lambda \text{ 不是单射}\},$$

$$\sigma_c(T)=\{\lambda\in\mathbb{C}:T-\lambda \text{ 是单射}, \overline{\mathcal{R}(T-\lambda)}=\mathcal{X}, \mathcal{R}(T-\lambda)\neq\mathcal{X}\},$$

$$\sigma_r(T)=\{\lambda\in\mathbb{C}:T-\lambda \text{ 是单射}, \overline{\mathcal{R}(T-\lambda)}\neq\mathcal{X}\}.$$

显然, 连续谱 $\sigma_c(T)$ 的定义, 可以等价地描述为

$$\sigma_c(T)=\{\lambda\in\mathbb{C}:T-\lambda\text{ 是单射}, \overline{\mathcal{R}(T-\lambda)}=\mathcal{X}, \mathcal{R}(T-\lambda)\text{ 不是闭的}\}.$$

根据 $T-\lambda$ 的值域的稠密性和闭性, 可将点谱和剩余谱分别进一步分类. 点谱 $\sigma_p(T)$ 被分为互不相交的四个集合, 即

$$\sigma_p(T)=\sigma_{p_1}(T)\cup\sigma_{p_2}(T)\cup\sigma_{p_3}(T)\cup\sigma_{p_4}(T),$$

其中

$$\sigma_{p_1}(T)=\{\lambda\in\sigma_p(T):\mathcal{R}(T-\lambda)=\mathcal{X}\},$$

$$\sigma_{p_2}(T)=\{\lambda\in\sigma_p(T):\overline{\mathcal{R}(T-\lambda)}=\mathcal{X}, \mathcal{R}(T-\lambda)\text{ 不是闭的}\},$$

$$\sigma_{p_3}(T)=\{\lambda\in\sigma_p(T):\overline{\mathcal{R}(T-\lambda)}\neq\mathcal{X}, \mathcal{R}(T-\lambda)\text{ 是闭的}\},$$

$$\sigma_{p_4}(T)=\{\lambda\in\sigma_p(T):\overline{\mathcal{R}(T-\lambda)}\neq\mathcal{X}, \mathcal{R}(T-\lambda)\text{ 不是闭的}\}.$$

记

$$\sigma_{p_{12}}(T)=\sigma_{p_1}(T)\cup\sigma_{p_2}(T)=\{\lambda\in\sigma_p(T):\overline{\mathcal{R}(T-\lambda)}=\mathcal{X}\},$$

$$\sigma_{p_{34}}(T)=\sigma_{p_3}(T)\cup\sigma_{p_4}(T)=\{\lambda\in\sigma_p(T):\overline{\mathcal{R}(T-\lambda)}\neq\mathcal{X}\}.$$

剩余谱 $\sigma_r(T)$ 被分为互不相交的两个集合, 即

$$\sigma_r(T)=\sigma_{r_1}(T)\cup\sigma_{r_2}(T),$$

其中

$$\sigma_{r_1}(T)=\{\lambda\in\sigma_r(T):\mathcal{R}(T-\lambda)\text{ 是闭的}\},$$

$$\sigma_{r_2}(T)=\{\lambda\in\sigma_r(T):\mathcal{R}(T-\lambda)\text{ 不是闭的}\}.$$

此外, 根据 $T-\lambda$ 的满射性和值域的稠密性, 定义算子 T 的亏谱 $\sigma_\delta(T)$、压缩谱 $\sigma_{com}(T)$ 和近似点谱 $\sigma_{app}(T)$, 其中

$$\sigma_\delta(T)=\{\lambda\in\mathbb{C}:\mathcal{R}(T-\lambda)\neq\mathcal{X}\},$$

$$\sigma_{\mathrm{com}}(T)=\{\lambda\in\mathbb{C}:\overline{\mathcal{R}(T-\lambda)}\neq\mathcal{X}\},$$

$$\sigma_{\mathrm{app}}(T)=\{\lambda\in\mathbb{C}:\exists(v_n)_1^{\infty}\subset D(T),\ \|v_n\|=1,\ (T-\lambda)v_n\to 0,\ n\to\infty\}.$$

定义 3.2.2 设$\boldsymbol{H}=\begin{pmatrix}A & B\\ C & -A^*\end{pmatrix}:\mathcal{D}(\boldsymbol{H})\subset\mathcal{X}\oplus\mathcal{X}\to\mathcal{X}\oplus\mathcal{X}$是稠定闭的线性算子，若$A$是闭算子，$B$和$C$是自伴算子，则称$\boldsymbol{H}$为Hamilton算子矩阵. 此外，若$(\boldsymbol{JH})^*=\boldsymbol{JH}$，则称Hamilton算子矩阵$\boldsymbol{H}$为辛自伴的，其中$\boldsymbol{J}=\begin{pmatrix}0 & I\\ -I & 0\end{pmatrix}$.

3.2.2 上三角 Hamilton 算子矩阵的谱的对称性

定理 3.2.1 设T是$\mathcal{X}$中稠定闭的线性算子，则以下结论成立：

(1) $\sigma_{\mathrm{app}}(T)=\sigma_{\mathrm{p}}(T)\cup\sigma_{\mathrm{c}}(T)\cup\sigma_{\mathrm{r}_2}(T)$；

(2) $\sigma_{\delta}(T)=\sigma(T)\backslash\sigma_{\mathrm{p}_1}(T)=\sigma_{\mathrm{p}_2}(T)\cup\sigma_{\mathrm{p}_{34}}(T)\cup\sigma_{\mathrm{c}}(T)\cup\sigma_{\mathrm{r}}(T)$；

(3) $\sigma_{\mathrm{com}}(T)=\sigma_{\mathrm{p}_{34}}(T)\cup\sigma_{\mathrm{r}}(T)$.

进一步，$\sigma_{\mathrm{app}}(T)$、$\sigma_{\delta}(T)$和$\sigma_{\mathrm{com}}(T)$之间有以下关系：

(4) $\sigma_{\mathrm{app}}(T)=(\sigma_{\delta}(T)\backslash\sigma_{\mathrm{r}_1}(T))\cup\sigma_{\mathrm{p}_1}(T)=(\sigma_{\mathrm{com}}(T)\backslash\sigma_{\mathrm{r}_1}(T))\cup\sigma_{\mathrm{c}}(T)\cup\sigma_{\mathrm{p}_{12}}(T)$；

(5) $\sigma_{\delta}(T)=(\sigma_{\mathrm{app}}(T)\backslash\sigma_{\mathrm{p}_1}(T))\cup\sigma_{\mathrm{r}_1}(T)=\sigma_{\mathrm{com}}(T)\cup\sigma_{\mathrm{c}}(T)\cup\sigma_{\mathrm{p}_2}(T)$；

(6) $\sigma_{\mathrm{com}}(T)=(\sigma_{\mathrm{app}}(T)\backslash(\sigma_{\mathrm{p}_{12}}(T)\cup\sigma_{\mathrm{c}}(T)))\cup\sigma_{\mathrm{r}_1}(T)=\sigma_{\delta}(T)\backslash(\sigma_{\mathrm{p}_2}(T)\cup\sigma_{\mathrm{c}}(T))$.

证明 (1) 根据文献[23]命题6.4，第208页，对稠定闭算子T同样可证，$\lambda\notin\sigma_{\mathrm{app}}(T)$，当且仅当$T-\lambda$是单射且$\mathcal{R}(T-\lambda)$是闭的. 因而，若$\lambda\in\sigma_{\mathrm{app}}(T)$，则$T-\lambda$不是单射或$\mathcal{R}(T-\lambda)$不是闭的，可知$\lambda\in\sigma_{\mathrm{p}}(T)\cup\sigma_{\mathrm{c}}(T)\cup\sigma_{\mathrm{r}_2}(T)$. 反之，若$\lambda\in\sigma_{\mathrm{p}}(T)\cup\sigma_{\mathrm{c}}(T)\cup\sigma_{\mathrm{r}_2}(T)$，则$T-\lambda$不是单射或$\mathcal{R}(T-\lambda)$不是闭的，从而$\lambda\in\sigma_{\mathrm{app}}(T)$. 结论成立.

(2) 由亏谱的定义可知，若$\lambda\in\sigma_{\delta}(T)$，则$T-\lambda$不是满射，从而$\lambda\notin\rho(T)\cup\sigma_{\mathrm{p}_1}(T)$，因此$\lambda\in\sigma(T)\backslash\sigma_{\mathrm{p}_1}(T)$. 反之，若$\lambda\in\sigma(T)\backslash\sigma_{\mathrm{p}_1}(T)$，则$T-\lambda$不是满射，从而$\lambda\in\sigma_{\delta}(T)$. 结论成立.

(3) 由压缩谱的定义可知，若$\lambda\in\sigma_{\mathrm{com}}(T)$，则$\overline{\mathcal{R}(T-\lambda)}\neq\mathcal{X}$，从而$\lambda\in\sigma_{\mathrm{p}_{34}}(T)\cup\sigma_{\mathrm{r}}(T)$. 反之，若$\lambda\in\sigma_{\mathrm{p}_{34}}(T)\cup\sigma_{\mathrm{r}}(T)$，则$\overline{\mathcal{R}(T-\lambda)}\neq\mathcal{X}$，从而$\lambda\in\sigma_{\mathrm{com}}(T)$. 结论成立.

根据(1)(2)(3)的结论，容易证明(4)(5)(6)成立.

引理 3.2.1 （见文献[11]第44页）设T是$\mathcal{X}$中稠定闭的线性算子，则以下结论成立：

(1) $\lambda\in\sigma_{\mathrm{p}_1}(T)\Leftrightarrow\overline{\lambda}\in\sigma_{\mathrm{r}_1}(T^*)$；

(2) $\lambda\in\sigma_{\mathrm{p}_2}(T)\Leftrightarrow\overline{\lambda}\in\sigma_{\mathrm{r}_2}(T^*)$；

(3) $\lambda \in \sigma_{p_3}(T) \Leftrightarrow \overline{\lambda} \in \sigma_{r_3}(T^*)$；

(4) $\lambda \in \sigma_{p_4}(T) \Leftrightarrow \overline{\lambda} \in \sigma_{r_4}(T^*)$.

引理 3.2.2　(见文献[49]第 919 页) 设 $\boldsymbol{H}$ 是辛自伴的 Hamilton 算子矩阵，则

(1) $\sigma_p(\boldsymbol{H}) \cup \sigma_r(\boldsymbol{H})$ 关于虚轴对称，且 $\sigma_r(\boldsymbol{H})$ 关于虚轴不对称；

(2) $\sigma_c(\boldsymbol{H})$ 关于虚轴对称，进而 $\sigma(\boldsymbol{H})$ 和 $\rho(\boldsymbol{H})$ 分别关于虚轴对称.

引理 3.2.3　设 $\boldsymbol{H}$ 是辛自伴的 Hamilton 算子矩阵，则以下结论成立：

(1) $\lambda \in \sigma_{p_1}(\boldsymbol{H}) \Leftrightarrow -\overline{\lambda} \in \sigma_{r_1}(\boldsymbol{H})$；

(2) $\lambda \in \sigma_{p_2}(\boldsymbol{H}) \Leftrightarrow -\overline{\lambda} \in \sigma_{r_2}(\boldsymbol{H})$；

(3) $\lambda \in \sigma_{p_3}(\boldsymbol{H}) \Leftrightarrow -\overline{\lambda} \in \sigma_{p_3}(\boldsymbol{H})$；

(4) $\lambda \in \sigma_{p_4}(\boldsymbol{H}) \Leftrightarrow -\overline{\lambda} \in \sigma_{p_4}(\boldsymbol{H})$；

(5) $\lambda \in \sigma_{app}(\boldsymbol{H}) \backslash \sigma_{p_1}(\boldsymbol{H}) \Leftrightarrow -\overline{\lambda} \in \sigma_{app}(\boldsymbol{H}) \backslash \sigma_{p_1}(\boldsymbol{H})$；

(6) $\lambda \in \sigma_{\delta}(\boldsymbol{H}) \backslash \sigma_{r_1}(\boldsymbol{H}) \Leftrightarrow -\overline{\lambda} \in \sigma_{\delta}(\boldsymbol{H}) \backslash \sigma_{r_1}(\boldsymbol{H})$；

(7) $\lambda \in \sigma_{com}(\boldsymbol{H}) \backslash \sigma_r(\boldsymbol{H}) \Leftrightarrow -\overline{\lambda} \in \sigma_{com}(\boldsymbol{H}) \backslash \sigma_r(\boldsymbol{H})$.

证明　由于 $\boldsymbol{H}$ 是 $\mathcal{X} \oplus \mathcal{X}$ 中辛自伴的 Hamilton 算子矩阵，即 $(\boldsymbol{JH})^* = \boldsymbol{JH}$，因而

$$\boldsymbol{H}^* - \lambda = \boldsymbol{J}(\boldsymbol{H} + \lambda)\boldsymbol{J}, \tag{3.2.1}$$

式中，$\boldsymbol{J} = \begin{pmatrix} 0 & I \\ -I & 0 \end{pmatrix}$. 又因 $\boldsymbol{J}^* = -\boldsymbol{J} = \boldsymbol{J}^{-1}$，结合引理 3.2.1 和式(3.2.1)可知，

$$\lambda \in \sigma_{p_1}(\boldsymbol{H}) \Leftrightarrow -\lambda \in \sigma_{p_1}(\boldsymbol{H}^*) \Leftrightarrow -\overline{\lambda} \in \sigma_{r_1}(\boldsymbol{H}), \tag{3.2.2}$$

$$\lambda \in \sigma_{p_2}(\boldsymbol{H}) \Leftrightarrow -\lambda \in \sigma_{p_2}(\boldsymbol{H}^*) \Leftrightarrow -\overline{\lambda} \in \sigma_{r_2}(\boldsymbol{H}), \tag{3.2.3}$$

$$\lambda \in \sigma_{p_3}(\boldsymbol{H}) \Leftrightarrow -\lambda \in \sigma_{p_3}(\boldsymbol{H}^*) \Leftrightarrow -\overline{\lambda} \in \sigma_{p_3}(\boldsymbol{H}), \tag{3.2.4}$$

$$\lambda \in \sigma_{p_4}(\boldsymbol{H}) \Leftrightarrow -\lambda \in \sigma_{p_4}(\boldsymbol{H}^*) \Leftrightarrow -\overline{\lambda} \in \sigma_{p_4}(\boldsymbol{H}), \tag{3.2.5}$$

即(1)(2)(3)(4)成立.

进一步，由式(3.2.2)可知，$\sigma_{p_1}(\boldsymbol{H})$ 与 $\sigma_{r_1}(\boldsymbol{H})$ 关于虚轴对称. 同理，式(3.2.3)蕴含 $\sigma_{p_2}(\boldsymbol{H})$ 与 $\sigma_{r_2}(\boldsymbol{H})$ 关于虚轴对称. 由式(3.2.4)和式(3.2.5)可知，$\sigma_{p_3}(\boldsymbol{H})$ 和 $\sigma_{p_4}(\boldsymbol{H})$ 分别关于虚轴对称. 根据定理 3.2.1 和引理 3.2.2，由于

$$\sigma_{app}(\boldsymbol{H}) = \sigma_p(\boldsymbol{H}) \cup \sigma_c(\boldsymbol{H}) \cup \sigma_{r_2}(\boldsymbol{H}),$$

且$\sigma_{c}(\boldsymbol{H})$关于虚轴对称，结合式(3.2.2)~式(3.2.5)，易知$\sigma_{app}(\boldsymbol{H})\setminus\sigma_{p_1}(\boldsymbol{H})$关于虚轴对称，即(5)成立.

由定理3.2.1可知，

$$\sigma_{\delta}(\boldsymbol{H})=\sigma(\boldsymbol{H})\setminus\sigma_{p_1}(\boldsymbol{H})=\sigma_{p_2}(\boldsymbol{H})\cup\sigma_{p34}(\boldsymbol{H})\cup\sigma_{c}(\boldsymbol{H})\cup\sigma_{r}(\boldsymbol{H}),$$

且$\sigma_{p_2}(\boldsymbol{H})\cup\sigma_{r_2}(\boldsymbol{H})$，$\sigma_{p34}(\boldsymbol{H})$，$\sigma_{c}(\boldsymbol{H})$分别关于虚轴对称，而$\sigma_{r_1}(\boldsymbol{H})$关于虚轴不对称，因而$\sigma_{\delta}(\boldsymbol{H})\setminus\sigma_{r_1}(\boldsymbol{H})$关于虚轴对称，即(6)成立.

又因为

$$\sigma_{com}(\boldsymbol{H})=\sigma_{p_3}(\boldsymbol{H})\cup\sigma_{p_4}(\boldsymbol{H})\cup\sigma_{r}(\boldsymbol{H})$$

且$\sigma_{r}(\boldsymbol{H})$关于虚轴不对称，因而$\sigma_{com}(\boldsymbol{H})\setminus\sigma_{r}(\boldsymbol{H})$关于虚轴对称，即(7)成立. 证毕.

定理3.2.2 设$\boldsymbol{H}$是辛自伴的Hamilton算子矩阵，则以下结论成立.

(1)$\sigma_{r}(\boldsymbol{H})=\varnothing$，当且仅当以下条件之一成立：

① $\sigma_{p12}(\boldsymbol{H})=\varnothing$；

② $\sigma_{app}(\boldsymbol{H})\setminus\sigma_{p_2}(\boldsymbol{H})$关于虚轴对称；

③ $\sigma_{\delta}(\boldsymbol{H})\setminus\sigma_{p_2}(\boldsymbol{H})$关于虚轴对称；

④ $\sigma_{com}(\boldsymbol{H})$关于虚轴对称.

(2)$\sigma_{r_1}(\boldsymbol{H})=\varnothing$，当且仅当以下条件之一成立：

① $\sigma_{p_1}(\boldsymbol{H})=\varnothing$；

② $\sigma_{\delta}(\boldsymbol{H})$关于虚轴对称；

③ $\sigma_{app}(\boldsymbol{H})$关于虚轴对称；

④ $\sigma_{com}(\boldsymbol{H})\setminus\sigma_{r_2}(\boldsymbol{H})$关于虚轴对称.

(3)$\sigma_{r_2}(\boldsymbol{H})=\varnothing$，当且仅当以下条件之一成立：

① $\sigma_{p_2}(\boldsymbol{H})=\varnothing$；

② $\sigma_{\delta}(\boldsymbol{H})\setminus(\sigma_{p_2}(\boldsymbol{H})\cup\sigma_{r_1}(\boldsymbol{H}))$关于虚轴对称；

③ $\sigma_{app}(\boldsymbol{H})\setminus\sigma_{p12}(\boldsymbol{H})$关于虚轴对称；

④ $\sigma_{com}(\boldsymbol{H})\setminus\sigma_{r_1}(\boldsymbol{H})$关于虚轴对称.

证明 (1)由引理3.2.3可知，$\lambda\in\sigma_{r}(\boldsymbol{H})$，当且仅当$-\overline{\lambda}\in\sigma_{p12}(\boldsymbol{H})$，因$\sigma_{r}(\boldsymbol{H})=\varnothing$，当且仅当$\sigma_{p12}(\boldsymbol{H})=\varnothing$，则充要条件①成立.

由定理3.2.1(1)可知，

$$\sigma_{app}(\boldsymbol{H})\setminus\sigma_{p_2}(\boldsymbol{H})=\sigma_{p_1}(\boldsymbol{H})\cup\sigma_{p34}(\boldsymbol{H})\cup\sigma_{c}(\boldsymbol{H})\cup\sigma_{r_2}(\boldsymbol{H}).$$

若$\sigma_{r}(\boldsymbol{H})=\varnothing$，则$\sigma_{r_1}(\boldsymbol{H})=\sigma_{r_2}(\boldsymbol{H})=\varnothing$. 由引理3.2.3(1)可知，$\sigma_{p_1}(\boldsymbol{H})=\varnothing$. 又因$\sigma_{p34}(\boldsymbol{H})\cup\sigma_{c}(\boldsymbol{H})$是关于虚轴对称的，因而$\sigma_{app}(\boldsymbol{H})\setminus\sigma_{p_2}(\boldsymbol{H})$关于虚轴对称. 反之，若

$\sigma_{app}(\boldsymbol{H})\backslash\sigma_{p_2}(\boldsymbol{H})$ 关于虚轴对称，则 $\sigma_{p_1}(\boldsymbol{H})=\sigma_{r_2}(\boldsymbol{H})=\varnothing$. 由引理 3.2.3(1)可知，$\sigma_{r_1}(\boldsymbol{H})=\varnothing$，因而 $\sigma_r(\boldsymbol{H})=\varnothing$. 充要条件②成立.

由定理 3.2.1 可知，

$$\sigma_\delta(\boldsymbol{H})\backslash\sigma_{p_2}(\boldsymbol{H})=\sigma_{p_{34}}(\boldsymbol{H})\cup\sigma_c(\boldsymbol{H})\cup\sigma_r(\boldsymbol{H}),$$

$$\sigma_{com}(\boldsymbol{H})=\sigma_{p_{34}}(\boldsymbol{H})\cup\sigma_r(\boldsymbol{H}).$$

因为 $\sigma_{p_{34}}(\boldsymbol{H})$ 和 $\sigma_c(\boldsymbol{H})$ 分别关于虚轴对称，且 $\sigma_r(\boldsymbol{H})$ 关于虚轴不对称，所以 $\sigma_\delta(\boldsymbol{H})\backslash\sigma_{p_2}(\boldsymbol{H})$ 和 $\sigma_{com}(\boldsymbol{H})$ 分别关于虚轴对称，当且仅当 $\sigma_r(\boldsymbol{H})=\varnothing$. 充要条件③和④成立.

(2)由引理 3.2.3(1)可知，$\lambda\in\sigma_{r_1}(\boldsymbol{H})$，当且仅当 $-\overline{\lambda}\in\sigma_{p_1}(\boldsymbol{H})$，因而 $\sigma_{r_1}(\boldsymbol{H})=\varnothing$，当且仅当 $\sigma_{p_1}(\boldsymbol{H})=\varnothing$，则充要条件①成立.

由定理 3.2.1 可知，

$$\sigma_\delta(\boldsymbol{H})=\sigma_{p_2}(\boldsymbol{H})\cup\sigma_{p_{34}}(\boldsymbol{H})\cup\sigma_c(\boldsymbol{H})\cup\sigma_r(\boldsymbol{H}),$$

$$\sigma_{app}(\boldsymbol{H})=\sigma_p(\boldsymbol{H})\cup\sigma_c(\boldsymbol{H})\cup\sigma_{r_2}(\boldsymbol{H}),$$

$$\sigma_{com}(\boldsymbol{H})\backslash\sigma_{r_2}(\boldsymbol{H})=\sigma_{p_{34}}(\boldsymbol{H})\cup\sigma_{r_1}(\boldsymbol{H}).$$

因为 $\sigma_{r_1}(\boldsymbol{H})\cup\sigma_{p_1}(\boldsymbol{H})$、$\sigma_{r_2}(\boldsymbol{H})\cup\sigma_{p_2}(\boldsymbol{H})$、$\sigma_c(\boldsymbol{H})$ 和 $\sigma_{p_{34}}(\boldsymbol{H})$ 分别关于虚轴对称，且 $\sigma_r(\boldsymbol{H})$ 关于虚轴不对称，所以 $\sigma_\delta(\boldsymbol{H})$，$\sigma_{app}(\boldsymbol{H})$ 和 $\sigma_{com}(\boldsymbol{H})\backslash\sigma_{r_2}(\boldsymbol{H})$ 分别关于虚轴对称，当且仅当 $\sigma_{r_1}(\boldsymbol{H})=\varnothing$. 充要条件②③④成立.

(3)由引理 3.2.3 可知，$\lambda\in\sigma_{r_2}(\boldsymbol{H})$，当且仅当 $-\overline{\lambda}\in\sigma_{p_2}(\boldsymbol{H})$，因而 $\sigma_{r_2}(\boldsymbol{H})=\varnothing$，当且仅当 $\sigma_{p_2}(\boldsymbol{H})=\varnothing$，充要条件①成立.

由定理 3.2.1 可知，

$$\sigma_\delta(\boldsymbol{H})\backslash(\sigma_{p_2}(\boldsymbol{H})\cup\sigma_{r_1}(\boldsymbol{H}))=\sigma_{p_{34}}(\boldsymbol{H})\cup\sigma_c(\boldsymbol{H})\cup\sigma_{r_2}(\boldsymbol{H}),$$

$$\sigma_{app}(\boldsymbol{H})\backslash\sigma_{p_{12}}(\boldsymbol{H})=\sigma_{p_{34}}(\boldsymbol{H})\cup\sigma_c(\boldsymbol{H})\cup\sigma_{r_2}(\boldsymbol{H}),$$

$$\sigma_{com}(\boldsymbol{H})\backslash\sigma_{r_1}(\boldsymbol{H})=\sigma_{p_{34}}(\boldsymbol{H})\cup\sigma_{r_2}(\boldsymbol{H}).$$

因为 $\sigma_{p_{34}}(\boldsymbol{H})$，$\sigma_c(\boldsymbol{H})$，$\sigma_{r_2}(\boldsymbol{H})\cup\sigma_{p_2}(\boldsymbol{H})$ 分别关于虚轴对称，所以 $\sigma_\delta(\boldsymbol{H})\backslash(\sigma_{p_2}(\boldsymbol{H})\cup\sigma_{r_1}(\boldsymbol{H}))$，$\sigma_{app}(\boldsymbol{H})\backslash\sigma_{p_{12}}(\boldsymbol{H})$ 和 $\sigma_{com}(\boldsymbol{H})\backslash\sigma_{r_1}(\boldsymbol{H})$ 分别关于虚轴对称，当且仅当 $\sigma_{r_2}(\boldsymbol{H})=\varnothing$. 充要条件②③④成立.

引理 3.2.4　(见文献[11]第 168 页)设 S 和 T 是使得 ST 在 $\mathcal{X}$ 中稠定的线性算子，若 S 是 $\mathcal{X}$ 上的有界算子，则

$$(ST)^* = T^* S^*.$$

3.2.3 上三角 Hamilton 算子矩阵剩余谱是空集的充要条件

引理 3.2.5 （见文献[50]第 939 页）设 $\boldsymbol{H}=\begin{pmatrix} A & B \\ 0 & -A^* \end{pmatrix}: \mathcal{D}(A)\oplus\mathcal{D}(A^*)\to\mathcal{X}\oplus\mathcal{X}$ 是上三角 Hamilton 算子矩阵，则

$$\sigma_{\mathrm{p}}(\boldsymbol{H})=\sigma_{\mathrm{p}}(A)\cup S_0,$$

其中，$S_0=\{\lambda\in\mathbb{C}:\lambda\in\sigma_{\mathrm{p}}(-A^*),\ \mathcal{N}((A_1-\lambda B_2))\setminus(\mathcal{N}(A-\lambda)0)^t\neq\varnothing\}$，$\mathcal{N}((A_1-\lambda B_2))$ 是行算子 $(A_1-\lambda B_2)$ 的零空间，$A_1=A|_{\mathcal{N}(A-\lambda)^{\perp}\cap D(A)}$，$B_2=B|_{\mathcal{N}(A^*+\lambda)}$. 此外，

$$\mathcal{N}((A_1-\lambda B_2))\setminus(\mathcal{N}(A-\lambda)0)^t=\{(f\,g)^t: f\in\mathcal{N}(A-\lambda)^{\perp},\ g\in\mathcal{N}(A^*+\lambda)\setminus\{0\},$$
$$(A-\lambda)f=-Bg\}.$$

定理 3.2.3 设 $\boldsymbol{H}=\begin{pmatrix} A & B \\ 0 & -A^* \end{pmatrix}: \mathcal{D}(A)\oplus\mathcal{D}(A^*)\subset\mathcal{X}\oplus\mathcal{X}\to\mathcal{X}\oplus\mathcal{X}$ 是上三角 Hamilton 算子矩阵，若 A 是可逆算子，则 $\sigma_{\mathrm{r}}(\boldsymbol{H})=\varnothing$，当且仅当

$$(\sigma_{\mathrm{p}}(A)\cup S_0)\cap\sigma_{\mathrm{com}}(-A^*)^c\cap S_1\cap S_2=\varnothing, \tag{3.2.6}$$

式中，

$$S_1=\{\lambda\in\mathbb{C}:\mathcal{R}(A-\lambda)^{\perp}\cap\mathcal{R}(B)^{\perp}=\{0\}\};$$

$$S_2=\{\lambda\in\mathbb{C}:\mathcal{R}(A-\lambda)^{\perp}\cap\mathcal{M}=\{0\}\};$$

$$\mathcal{M}=\left\{f: f\in\overline{\mathcal{R}(B)},\ g\in\overline{\mathcal{R}(-A^*-\lambda)},\ (g\,f)^t\in\mathcal{R}\left(\begin{pmatrix} -A^*-\lambda \\ B \end{pmatrix}\right)^{\perp}\right\},$$

$\begin{pmatrix} -A^*-\lambda \\ B \end{pmatrix}$ 为列算子.

证明 充分性. 由 A 是可逆算子可知，A^* 也是可逆算子，且 Hamilton 算子矩阵 $\boldsymbol{H}$ 可被分解为

$$\boldsymbol{H}=\begin{pmatrix} I & B(A^*)^{-1} \\ 0 & -I \end{pmatrix}\begin{pmatrix} A & 0 \\ 0 & A^* \end{pmatrix}.$$

由定义域$\mathcal{D}(A^*)\subset\mathcal{D}(B)$可知，$\boldsymbol{E}=\begin{pmatrix} I & B(A^*)^{-1} \\ 0 & -I \end{pmatrix}$是$\mathcal{X}\oplus\mathcal{X}$上的有界算子，进而$\boldsymbol{E}^*=\begin{pmatrix} I & 0 \\ \overline{A^{-1}B} & -I \end{pmatrix}$. 根据引理 3.2.4，有

$$\boldsymbol{H}^*=\begin{pmatrix} A^* & 0 \\ 0 & A \end{pmatrix}\begin{pmatrix} I & 0 \\ \overline{A^{-1}B} & -I \end{pmatrix}=\begin{pmatrix} A^* & 0 \\ B & -A \end{pmatrix},$$

且$\boldsymbol{H}$满足$(\boldsymbol{JH})^*=\boldsymbol{JH}$. 由定理 3.2.2 可知，$\sigma_{\mathrm{r}}(\boldsymbol{H})=\varnothing$，当且仅当$\sigma_{\mathrm{p}_{12}}(\boldsymbol{H})=\varnothing$.

下面对上三角 Hamilton 算子矩阵$\boldsymbol{H}=\begin{pmatrix} A & B \\ 0 & -A^* \end{pmatrix}$，用内部元$A$，$B$，$A^*$的性质，进一步刻画$\sigma_{\mathrm{p}_{12}}(\boldsymbol{H})=\varnothing$.

由$\sigma_{\mathrm{p}_{12}}(\boldsymbol{H})$的定义可知，

$$\sigma_{\mathrm{p}_{12}}(\boldsymbol{H})=\sigma_{\mathrm{p}}(\boldsymbol{H})\cap\sigma_{\mathrm{com}}(\boldsymbol{H})^c=\sigma_{\mathrm{p}}(\boldsymbol{H})\cap\{\lambda\in\mathbb{C}:\overline{\mathcal{R}(\boldsymbol{H}-\lambda)}=\mathcal{X}\}.$$

由于

$$\overline{\mathcal{R}(\boldsymbol{H}-\lambda)}=\mathcal{X}\Leftrightarrow\mathcal{R}(\boldsymbol{H}-\lambda)^{\perp}=\{0\}\Leftrightarrow\mathcal{N}(\boldsymbol{H}^*-\overline{\lambda})=\{0\},$$

因此，

$$\sigma_{\mathrm{p}_{12}}(\boldsymbol{H})=\sigma_{\mathrm{p}}(\boldsymbol{H})\cap\{\lambda\in\mathbb{C}:\mathcal{N}(\boldsymbol{H}^*-\overline{\lambda})=\{0\}\}.$$

再由引理 3.2.5 可知，

$$\sigma_{\mathrm{p}_{12}}(\boldsymbol{H})=\sigma_{\mathrm{p}}(A)\cup\mathcal{M}\cap\{\lambda\in\mathbb{C}:N(\boldsymbol{H}^*-\overline{\lambda})=\{0\}\}.$$

下面证明

$$\{\lambda\in\mathbb{C}:\mathcal{N}(\boldsymbol{H}^*-\overline{\lambda})=\{0\}\}=\sigma_{\mathrm{com}}(-A^*)^c\cap S_1\cap S_2.$$

设$\lambda\in\sigma_{\mathrm{com}}(-A^*)^c\cap S_1\cap S_2$，要证明$\lambda\in\{\lambda\in\mathbb{C}:\mathcal{N}(\boldsymbol{H}^*-\overline{\lambda})=\{0\}\}$，只需从方程

$$(\boldsymbol{H}^*-\overline{\lambda})v=0,\ v=(f\ g)^t\in\mathcal{D}(\boldsymbol{H}^*),\tag{3.2.7}$$

即

$$(A^*-\overline{\lambda})f=0, \tag{3.2.8}$$

$$Bf+(-A-\overline{\lambda})g=0, \tag{3.2.9}$$

推出 $v=(f\ g)^t=0$. 倘若不然，则有下面三种情形.

(1)若$f=0$, $g\neq 0$, 则 $g\in\mathcal{N}(-A-\overline{\lambda})$, 进而

$$\mathcal{N}(-A-\overline{\lambda})=\mathcal{R}(-A^*-\lambda)^{\perp}\neq\{0\},$$

与 $\lambda\in\sigma_{\mathrm{com}}(-A^*)^c$ 矛盾.

(2)若$f\neq 0$, $g=0$, 则$f\in\mathcal{N}(A^*-\overline{\lambda})\cap\mathcal{N}(B)$, 因而

$$\mathcal{N}(A^*-\overline{\lambda})\cap\mathcal{N}(B)=\mathcal{R}(A-\lambda)^{\perp}\cap\mathcal{R}(B)^{\perp}\neq\{0\},$$

与 $\lambda\in S_1$ 矛盾.

(3)若$f\neq 0$, $g\neq 0$, 则$f\in\mathcal{N}(A^*-\overline{\lambda})\cap\mathcal{N}(B)$, 当且仅当 $g\in\mathcal{N}(-A-\overline{\lambda})$, 否则式(3.2.9) 不成立. 因而，当$f\in\mathcal{N}(A^*-\overline{\lambda})\cap\mathcal{N}(B)$时，由(1)和(2)易知，与 $\lambda\in\sigma_{\mathrm{com}}(-A^*)^c\cap S_1$ 矛盾. 当$f\in\mathcal{N}(B)^{\perp}$时，由$(\boldsymbol{H}^*-\overline{\lambda})v=0$ 可知，$f\in\mathcal{N}(A^*-\overline{\lambda})\cap\mathcal{M}$, 其中

$$\begin{aligned}\mathcal{M}&=\{f: f\in\mathcal{N}(B)^{\perp},\ g\in\mathcal{N}(-A-\overline{\lambda})^{\perp},\ (f\ g)^t\in\mathcal{N}((B\ \ -A-\overline{\lambda}))\}\\&=\left\{f: f\in\overline{\mathcal{R}(B)},\ g\in\overline{\mathcal{R}(-A^*-\lambda)},\ (g\ f)^t\in\mathcal{R}\left(\begin{pmatrix}-A^*-\lambda\\ B\end{pmatrix}\right)^{\perp}\right\},\end{aligned} \tag{3.2.10}$$

进而

$$\mathcal{N}(A^*-\overline{\lambda})\cap\mathcal{M}=\mathcal{R}(A-\lambda)^{\perp}\cap\mathcal{M}\neq\{0\},$$

与 $\lambda\in S_2$ 矛盾. 因此，$\lambda\in\{\lambda\in\mathbb{C}: \mathcal{N}(\boldsymbol{H}^*-\overline{\lambda})=\{0\}\}$.

反之，设$\lambda\in\{\lambda\in\mathbb{C}: \mathcal{N}(\boldsymbol{H}^*-\overline{\lambda})=\{0\}\}$, 则由式(3.2.7)可推出 $v=(f\ g)^t=0$. 根据式(3.2.8)和式(3.2.9)，分为以下两种情形.

(1)若 $g\in\mathcal{N}(-A-\overline{\lambda})$, 则

$$g\in\mathcal{N}(-A-\overline{\lambda})=\mathcal{R}(-A^*-\lambda)^{\perp},$$

且

$$f\in\mathcal{N}(A^*-\overline{\lambda})\cap\mathcal{N}(B)=\mathcal{R}(A-\lambda)^{\perp}\cap\mathcal{R}(B)^{\perp}.$$

(2)若 $g\in\mathcal{N}(-A-\overline{\lambda})^{\perp}$，则由式(3.2.9)易知，$f\in\mathcal{N}(B)^{\perp}$，否则式(3.2.9)不成立. 此时，$v=(f\ g)^t\in\mathcal{N}((B-A-\overline{\lambda}))$. 又由式(3.2.8)易知，$f\in\mathcal{N}(A^*-\overline{\lambda})$，因而 $f\in\mathcal{N}(A^*-\overline{\lambda})\cap\mathcal{M}$，其中 $\mathcal{M}$ 为式(3.2.10)所定义. 由于 $v=(f\ g)^t=0$，所以 $g=0\in\mathcal{N}(-A-\overline{\lambda})\cap\mathcal{N}(-A-\overline{\lambda})^{\perp}$，情形(1)和(2)同时成立. 由情形(1)可知，

$$\mathcal{R}(-A^*-\lambda)^{\perp}=\{0\},\ \mathcal{R}(A-\lambda)^{\perp}\cap\mathcal{R}(B)^{\perp}=\{0\},$$

从而，$\lambda\in\sigma_{\mathrm{com}}(-A^*)^c\cap S_1$. 由情形(2)可知，

$$\mathcal{R}(A^*-\overline{\lambda})\cap\mathcal{M}=\{0\},$$

从而，$\lambda\in S_2$. 因此，$\lambda\in\sigma_{\mathrm{com}}(-A^*)^c\cap S_1\cap S_2$.

注(定理 3.2.3)　若上三角 Hamilton 算子矩阵 $\boldsymbol{H}=\begin{pmatrix}A & B\\ 0 & -A^*\end{pmatrix}$ 的右上角元素 $B=0$，则 Hamilton 算子矩阵成为

$$\boldsymbol{H}=\begin{pmatrix}A & 0\\ 0 & -A^*\end{pmatrix}:\mathcal{D}(A)\oplus\mathcal{D}(A^*)\subset\mathcal{X}\oplus\mathcal{X}\to\mathcal{X}\oplus\mathcal{X}.$$

此时，在定理 3.2.3 中，

$$S_0=\sigma_{\mathrm{p}}(-A^*),\ S_1=S_2=\sigma_{\mathrm{com}}(A)^c.$$

因而，式(3.2.6)成为

$$\begin{aligned}(\sigma_{\mathrm{p}}(A)\cup S_0)\cap(\sigma_{\mathrm{com}}(-A^*)^c\cap S_1\cap S_2)&=(\sigma_{\mathrm{p}}(A)\cup\sigma_{\mathrm{p}}(-A^*))\cap(\sigma_{\mathrm{com}}(-A^*)^c\cap\sigma_{\mathrm{com}}(A)^c)\\&=\sigma_{\mathrm{p}}(\boldsymbol{H})\cap\sigma_{\mathrm{com}}(\boldsymbol{H})^c=\sigma_{\mathrm{p}_{12}}(\boldsymbol{H})=\varnothing.\end{aligned}$$

定理 3.2.4　设 $\boldsymbol{H}=\begin{pmatrix}A & B\\ 0 & -A^*\end{pmatrix}:\mathcal{D}(A)\oplus\mathcal{D}(A^*)\subset\mathcal{X}\oplus\mathcal{X}\to\mathcal{X}\oplus\mathcal{X}$ 是上三角 Hamilton 算子矩阵，若 B 相对于 A^* 有界且 A^*-界<1，则 $\sigma_{\mathrm{r}}(\boldsymbol{H})=\varnothing$，当且仅当

$$(\sigma_{\mathrm{p}}(A)\cup S_0)\cap\sigma_{\mathrm{com}}(-A^*)^c\cap S_1\cap S_2=\varnothing,$$

其中，S_1，S_2 为定理 3.2.3 所定义.

证明　若 B 相对于 A^* 有界且 A^*-界<1，可推出上三角 Hamilton 算子矩阵为辛自伴算子（见文献[9]第 189 页），此时定理 3.2.3 的结论也成立.

推论 3.2.1　设 $\boldsymbol{H}=\begin{pmatrix} A & B \\ 0 & -A^* \end{pmatrix}$：$\mathcal{D}(A)\oplus\mathcal{D}(A^*)\subset\mathcal{X}\oplus\mathcal{X}\to\mathcal{X}\oplus\mathcal{X}$是上三角 Hamilton 算子矩阵，若 B 相对于 A^* 有界且 A^*-界<1，并且下面条件之一成立，则 $\sigma_{\mathrm{r}}(\boldsymbol{H})=\varnothing$，其中 S_1，S_2 为定理 3.2.3 所定义：

(1) $\sigma_{\mathrm{com}}(-A^*)=\mathcal{X}$；

(2) $S_1=\varnothing$；

(3) $S_2=\varnothing$.

引理 3.2.6　（见文献[51]定理 6，定理 7）设 $\boldsymbol{H}=\begin{pmatrix} A & B \\ 0 & -A^* \end{pmatrix}$：$\mathcal{D}(A)\oplus\mathcal{D}(A^*)\subset\mathcal{X}\oplus\mathcal{X}\to\mathcal{X}\oplus\mathcal{X}$是上三角 Hamilton 算子矩阵，若 $\sigma_{\mathrm{r}_1}(A)=\varnothing$，则

$$\sigma_{\mathrm{app}}(\boldsymbol{H})=\sigma_{\mathrm{app}}(A)\cup\sigma_{\mathrm{app}}(-A^*),$$

$$\sigma(\boldsymbol{H})=\sigma(A)\cup\sigma(-A^*).$$

定理 3.2.5　设 $\boldsymbol{H}=\begin{pmatrix} A & B \\ 0 & -A^* \end{pmatrix}$：$\mathcal{D}(A)\oplus\mathcal{D}(A^*)\subset\mathcal{X}\oplus\mathcal{X}\to\mathcal{X}\oplus\mathcal{X}$是上三角 Hamilton 算子矩阵，若 $\sigma_{\mathrm{r}_1}(\boldsymbol{A})=\varnothing$，则

$$\sigma_{\mathrm{r}_1}(\boldsymbol{H})=\varnothing\Leftrightarrow\sigma_{\mathrm{r}_1}(-A^*)=\varnothing. \tag{3.2.11}$$

证明　可知，当 $\sigma_{\mathrm{r}_1}(A)=\varnothing$时，

$$\begin{aligned}\sigma_{\mathrm{r}_1}(\boldsymbol{H})&=\sigma(\boldsymbol{H})\setminus\sigma_{\mathrm{app}}(\boldsymbol{H})\\&=(\sigma(A)\cup\sigma(-A^*))\setminus(\sigma_{\mathrm{app}}(A)\cup\sigma_{\mathrm{app}}(-A^*))\\&=\sigma_{\mathrm{r}_1}(A)\cup\sigma_{\mathrm{r}_1}(-A^*),\end{aligned}$$

因此式(3.2.11)成立.

推论 3.2.2　设 $\boldsymbol{H}=\begin{pmatrix} A & B \\ 0 & -A^* \end{pmatrix}$：$\mathcal{D}(A)\oplus\mathcal{D}(A^*)\subset\mathcal{X}\oplus\mathcal{X}\to\mathcal{X}\oplus\mathcal{X}$是上三角 Hamilton 算子矩阵，若 A 是自伴算子，则 $\sigma_{\mathrm{r}_1}(\boldsymbol{H})=\varnothing$.

定理 3.2.6　设 $\boldsymbol{H}=\begin{pmatrix} A & B \\ 0 & -A^* \end{pmatrix}$：$\mathcal{D}(A)\oplus\mathcal{D}(A^*)\subset\mathcal{X}\oplus\mathcal{X}\to\mathcal{X}\oplus\mathcal{X}$是上三角 Hamilton 算子矩阵，若 B 是 A^* 有界且 A^*-界<1，则 $\sigma_{\mathrm{r}_1}(\boldsymbol{H})=\varnothing$，当且仅当

$$(\sigma_{\mathrm{p}}(A)\cap\sigma_{\delta}(-A^{*})^{c})\cup(\sigma_{\mathrm{p}_1}(-A^{*})\cap S_3)\cap S_4=\varnothing,$$

其中

$$S_3=\{\lambda\in\mathbb{C}:g\in\mathcal{N}(-A^{*}-\lambda),(f\ g)^{t}\in\mathcal{N}((A-\lambda B)),g\neq0\},$$
$$S_4=\{\lambda\in\mathbb{C}:\mathcal{R}((A-\lambda B))=\mathcal{X}\}.$$

证明　条件中 B 的 A^{*}-界<1 蕴含 $\boldsymbol{H}$ 是辛自伴的 Hamilton 算子矩阵. 下面证明

$$(\sigma_{\mathrm{p}}(A)\cap\sigma_{\delta}(-A^{*})^{c})\cup(\sigma_{\mathrm{p}_1}(-A^{*})\cap S_3)\cap S_4=\sigma_{\mathrm{p}_1}(H).\tag{3.2.12}$$

设 $\lambda\in\sigma_{\mathrm{p}_1}(\boldsymbol{H})$, $\xi=(f\ g)^{t}\in\mathcal{D}(\boldsymbol{H})$是 λ 对应的特征向量, 则

$$(\boldsymbol{H}-\lambda)\xi=0,$$

即

$$(A-\lambda)f+Bg=0,\tag{3.2.13}$$

$$(-A^{*}-\lambda)g=0.\tag{3.2.14}$$

若 $g=0$, 则 $f\neq0$, 进而 $\lambda\in\sigma_{\mathrm{p}}(A)$. 又由 $\lambda\in\sigma_{\mathrm{p}_1}(\boldsymbol{H})$ 可知$\mathcal{R}(\boldsymbol{H}-\lambda)=\mathcal{X}$, 因而算子

$$\boldsymbol{H}-\lambda=\begin{pmatrix}A-\lambda & B\\ 0 & -A^{*}-\lambda\end{pmatrix}$$

的行算子为满射, 即$\mathcal{R}((A-\lambda B))=\mathcal{X}$, $\mathcal{R}(-A^{*}-\lambda)=\mathcal{X}$, 从而 $\lambda\in S_4\cap\sigma_{\delta}(-A^{*})^{c}$. 因此, $\lambda\in\sigma_{\mathrm{p}}(A)\cap\sigma_{\delta}(-A^{*})^{c}\cap S_4$.

若 $g\neq0$, 由式(3.2.14)可知, $g\in\mathcal{N}(-A^{*}-\lambda)$, 进而 $\lambda\in\sigma_{\mathrm{p}}(-A^{*})$. 由式(3.2.13)可知,

$$g\in\{g\in\mathcal{N}(-A^{*}-\lambda):(f\ g)^{t}\in\mathcal{N}((A-\lambda B)),g\neq0\},$$

进而

$$\lambda\in\{\lambda\in\mathbb{C}:g\in\mathcal{N}(-A^{*}-\lambda),(f\ g)^{t}\in\mathcal{N}((A-\lambda B)),g\neq0\}=S_3.$$

因此, $\lambda\in\sigma_{\mathrm{p}}(-A^{*})\cap S_3$. 由 $\lambda\in\sigma_{\mathrm{p}_1}(\boldsymbol{H})$ 可知, $\mathcal{R}(\boldsymbol{H}-\lambda)=\mathcal{X}$, 从而$((A-\lambda B))=\mathcal{X}$, $\mathcal{R}(-A^{*}-\lambda)=\mathcal{X}$, 由此可知, $\lambda\in S_4\cap\sigma_{\mathrm{p}_1}(-A^{*})$. 因此,

$$\lambda \in \sigma_{p_1}(-A^*) \cap S_3 \cap S_4.$$

所以,

$$\sigma_{p_1}(\boldsymbol{H}) \subset (\sigma_p(A) \cap \sigma_\delta(-A^*)^c) \cup (\sigma_{p_1}(-A^*) \cap S_3) \cap S_4.$$

反之, 设

$$\lambda \in (\sigma_p(A) \cap \sigma_\delta(-A^*)^c) \cup (\sigma_{p_1}(-A^*) \cap S_3) \cap S_4,$$

则 $\lambda \in \sigma_p(A) \cap \sigma_\delta(-A^*)^c \cap S_4$ 或 $\lambda \in \sigma_{p_1}(-A^*) \cap S_3 \cap S_4$.

若 $\lambda \in \sigma_p(A) \cap \sigma_\delta(-A^*)^c \cap S_4$, 则由 $\lambda \in \sigma_p(A)$ 可知, 存在 $f_0 \in \mathcal{D}(A)$ $(f_0 \neq 0)$ 使得 $(A-\lambda)f_0 = 0$ 成立. 令 $\xi_0 = (f_0 0)^t \in \mathcal{D}(H)$, 则 $\xi_0 \neq 0$, 且

$$(\boldsymbol{H}-\lambda)\xi_0 = \begin{pmatrix} A-\lambda & B \\ 0 & -A^*-\lambda \end{pmatrix} \begin{pmatrix} f_0 \\ 0 \end{pmatrix} = 0.$$

因此, $\lambda \in \sigma_p(\boldsymbol{H})$. 由 $\lambda \in \sigma_\delta(-A^*)^c \cap S_4$ 可知, $\mathcal{R}(-A^*-\lambda) = \mathcal{X}$ 且 $\mathcal{R}((A-\lambda\ B)) = \mathcal{X}$, 进而

$$\mathcal{R}(\boldsymbol{H}-\lambda) = \mathcal{X} \oplus \mathcal{X}.$$

因此, $\lambda \in \sigma_{p_1}(\boldsymbol{H})$.

若 $\lambda \in \sigma_{p_1}(-A^*) \cap S_3 \cap S_4$, 则由 $\lambda \in \sigma_{p_1}(-A^*)$ 可知, $-A^*-\lambda$ 不是单射, 并且 $\mathcal{R}(-A^*-\lambda) = \mathcal{X}$. 因而, 存在 $g_0 \in \mathcal{N}(-A^*-\lambda)$ $(g_0 \neq 0)$, 使得 $(-A^*-\lambda)g_0 = 0$. 再由 $\lambda \in S_3$ 可知, 必存在 $\hat{\xi}_0 = (\hat{f} g_0) \in \mathcal{N}((A-\lambda\ B))$, 使得

$$(\boldsymbol{H}-\lambda)\hat{\xi}_0 = \begin{pmatrix} A-\lambda & B \\ 0 & -A^*-\lambda \end{pmatrix} \begin{pmatrix} \hat{f} \\ g_0 \end{pmatrix} = 0.$$

因而, $\lambda \in \sigma_p(\boldsymbol{H})$. 再由 $\mathcal{R}(-A^*-\lambda) = \mathcal{X}$ 且 $\lambda \in S_4$ 可知, $\mathcal{R}(\boldsymbol{H}-\lambda) = \mathcal{X} \oplus \mathcal{X}$. 因此, $\lambda \in \sigma_{p_1}(\boldsymbol{H})$. 所以,

$$(\sigma_p(A) \cap \sigma_\delta(-A^*)^c) \cup (\sigma_{p_1}(-A^*) \cap S_3) \cap S_4 \subset \sigma_{p_1}(\boldsymbol{H}).$$

式(3.2.12)成立. 再由定理3.2.2可知,

$$\sigma_{r_1}(\boldsymbol{H}) = \varnothing \Leftrightarrow \sigma_{p_1}(\boldsymbol{H}) = \varnothing.$$

因此，结论成立.

推论 3.2.3 设 $\boldsymbol{H}=\begin{pmatrix} A & B \\ 0 & -A^* \end{pmatrix}: \mathcal{D}(A)\oplus\mathcal{D}(A^*)\subset\mathcal{X}\oplus\mathcal{X}\to\mathcal{X}\oplus\mathcal{X}$是上三角 Hamilton 算子矩阵，若 B 是 A^* 有界且 A^*-界<1，并且 $S_4=\varnothing$，则

$$\sigma_{r_1}(\boldsymbol{H})=\varnothing,$$

其中，S_4 为定理 3.2.6 所定义.

定理 3.2.7 设 $\boldsymbol{H}=\begin{pmatrix} A & B \\ 0 & -A^* \end{pmatrix}: \mathcal{D}(A)\oplus\mathcal{D}(A^*)\subset\mathcal{X}\oplus\mathcal{X}\to\mathcal{X}\oplus\mathcal{X}$是上三角 Hamilton 算子矩阵，若 B 是 A^* 有界且 A^*-界<1，则 $\sigma_{r_1}(\boldsymbol{H})=\varnothing$，当且仅当

$$\sigma_{\mathrm{p}}(A)\cup S_0\cap S_5\cap S_6\cap\sigma_\delta(-A_1^*)^c=\varnothing,$$

其中

$$S_5=\{\lambda\in\mathbb{C}:\mathcal{R}((A_1-\lambda\ B_1))=\overline{\mathcal{R}(A-\lambda)}\},$$

$$S_6=\{\lambda\in\mathbb{C}:\mathcal{R}(B_3)=\mathcal{R}(A-\lambda)^\perp\},$$

$A_1-\lambda=P_{\overline{\mathcal{R}(A-\lambda)}}(A-\lambda)$，$B_1=P_{\overline{\mathcal{R}(A-\lambda)}}B|_{\mathcal{N}(-A^*-\lambda)}$，$B_3=P_{\mathcal{R}(A-\lambda)^\perp}B|_{\mathcal{N}(-A^*-\lambda)}$，$(A_1-\lambda\ B_1)$是行算子.

证明 由引理 3.2.5 可知，$\sigma_{\mathrm{p}}(A)\cup S_0=\sigma_{\mathrm{p}}(\boldsymbol{H})$. 下面证明

$$S_5\cap S_6\cap\sigma_\delta(-A_1^*)^c=\sigma_\delta(\boldsymbol{H})^c,$$

进而

$$\sigma_{\mathrm{p}}(A)\cup S_0\cap S_5\cap S_6\cap\sigma_\delta(-A_1^*)^c=\sigma_{\mathrm{p}}(\boldsymbol{H})\cap\sigma_\delta(\boldsymbol{H})^c=\sigma_{\mathrm{p}_1}(\boldsymbol{H}).\quad(3.2.15)$$

采用空间分解法，对

$$\boldsymbol{H}-\lambda=\begin{pmatrix} A-\lambda & B \\ 0 & -A^*-\lambda \end{pmatrix},\ \lambda\in\mathbb{C}$$

做进一步详细的分解. 由 A^* 是闭算子可知，$\mathcal{N}(-A^*-\lambda)$是$\mathcal{X}$中的闭线性子空间. 因而，$\mathcal{X}$可被分解为 $\mathcal{N}(-A^*-\lambda)\oplus\mathcal{N}(-A^*-\lambda)^\perp$. 作为从$\mathcal{D}(A)\oplus\mathcal{N}(-A^*-\lambda)\oplus\mathcal{N}(-A^*-\lambda)^\perp$ 到$\overline{\mathcal{R}(A-\lambda)}\oplus\mathcal{R}(A-\lambda)^\perp\oplus\mathcal{X}$的算子，$\boldsymbol{H}-\lambda$ 有如下形式：

$$\boldsymbol{H}-\lambda=\begin{pmatrix}A_1-\lambda & B_1 & B_2\\ 0 & B_3 & B_4\\ 0 & 0 & -A_1^*-\lambda\end{pmatrix}, \tag{3.2.16}$$

式中，$B_2=P_{\mathcal{R}(A-\lambda)^\perp}B|_{\mathcal{N}(-A^*-\lambda)^\perp\cap\mathcal{D}(A^*)}$；$B_4=P_{\mathcal{R}(A-\lambda)^\perp}B|_{\mathcal{N}(-A^*-\lambda)^\perp\cap\mathcal{D}(A^*)}$；$-A_1^*-\lambda=(-A^*-\lambda)|_{\mathcal{N}(-A^*-\lambda)^\perp\cap\mathcal{D}(A^*)}$. 由于$-A^*-\lambda$ 在$\mathcal{N}(-A^*-\lambda)^\perp$上是单射，故$-A_1^*-\lambda$ 是左可逆算子，即存在$(-A^*-\lambda)_l^{-1}$，使得$(-A^*-\lambda)_l^{-1}(-A^*-\lambda)=I$. 因此，对式(3.2.16)进行如下变换

$$\boldsymbol{E}_1(\boldsymbol{H}-\lambda)=\boldsymbol{Q},$$

其中，

$$\boldsymbol{E}_1=\begin{pmatrix}I & 0 & -B_2(-A_1^*-\lambda)_l^{-1}\\ 0 & I & -B_4(-A_1^*-\lambda)_l^{-1}\\ 0 & 0 & I\end{pmatrix},\ \boldsymbol{Q}=\begin{pmatrix}A_1-\lambda & B_1 & 0\\ 0 & B_3 & 0\\ 0 & 0 & -A_1^*-\lambda\end{pmatrix}.$$

由$\mathcal{D}(A^*)\subset\mathcal{D}(B)$及$B$是$A^*$有界且$A^*$-界<1 可知，$B_2(-A_1^*-\lambda)_l^{-1}$ 和 $B_4(-A_1^*-\lambda)_l^{-1}$ 都是有界算子. 因此，$\boldsymbol{H}-\lambda$ 是满射，当且仅当$\boldsymbol{Q}$是满射，即$\mathcal{R}(\boldsymbol{H}-\lambda)=\mathcal{X}\oplus\mathcal{X}$，当且仅当$\mathcal{R}((A_1-\lambda B_1))=\overline{\mathcal{R}(A-\lambda)}$、$\mathcal{R}(B_3)=\mathcal{R}(A-\lambda)^\perp$和$\mathcal{R}(-A_1^*-\lambda)=\mathcal{X}$同时成立. 因此，

$$\lambda\in\sigma_\delta(\boldsymbol{H})^c\Leftrightarrow\lambda\in S_5\cap S_6\cap\sigma_\delta(-A_1^*)^c.$$

所以，式(3.2.15)成立. 再由定理 3.2.2 可知结论成立.

推论 3.2.4 设$\boldsymbol{H}=\begin{pmatrix}A & B\\ 0 & -A^*\end{pmatrix}$: $\mathcal{D}(A)\oplus\mathcal{D}(A^*)\subset\mathcal{X}\oplus\mathcal{X}\to\mathcal{X}\oplus\mathcal{X}$是上三角 Hamilton 算子矩阵，若$B$是$A^*$有界且$A^*$-界<1，且下面条件之一成立，则$\sigma_{r_1}(\boldsymbol{H})=\varnothing$，其中$S_5$，$S_6$为定理 3.2.7 所定义：

(1) $S_5=\varnothing$；

(2) $S_6=\varnothing$；

(3) $\sigma_\delta(-A_1^*)^c=\varnothing$.

注(推论 3.2.4) 由于$\sigma_{r_2}(\boldsymbol{H})=\sigma_r(\boldsymbol{H})\backslash\sigma_{r_1}(\boldsymbol{H})$，且$\sigma_{r_1}(\boldsymbol{H})$和$\sigma_{r_2}(\boldsymbol{H})$是剩余谱互不相交的分类，因此对上三角 Hamilton 算子矩阵$\boldsymbol{H}=\begin{pmatrix}A & B\\ 0 & -A^*\end{pmatrix}$，不再讨论$\sigma_{r_2}(\boldsymbol{H})=\varnothing$的充要条件.

3.2.4 调和方程和对边简支板弯曲方程举例

例 3.2.1 将调和方程

$$\begin{cases}\dfrac{\partial^2 u}{\partial x^2}+\dfrac{\partial^2 u}{\partial y^2}=0 \ (0\leqslant x\leqslant 1,\ 0<y),\\ u(x,\ 0)=\phi(x),\ u(0,\ y)=u(1,\ y)=0\end{cases}$$

转化成 Hamilton 正则系统

$$\frac{\partial}{\partial y}\begin{pmatrix}u\\ v\end{pmatrix}=\begin{pmatrix}0 & I\\ -\dfrac{\partial^2}{\partial x^2} & 0\end{pmatrix}\begin{pmatrix}u\\ v\end{pmatrix}, \tag{3.2.17}$$

其中, $v=\dfrac{\partial u}{\partial y}$.

定义 $\mathcal{X}=L^2[0,\ 1]$, 则式(3.2.17)中相应的 Hamilton 算子矩阵为

$$\boldsymbol{H}=\begin{pmatrix}A & B\\ C & -A^*\end{pmatrix}=\begin{pmatrix}0 & I\\ -\dfrac{\partial^2}{\partial x^2} & 0\end{pmatrix}:\ \mathcal{D}(C)\oplus\mathcal{D}(B)\to\mathcal{X}\oplus\mathcal{X}.$$

其中, 算子 $B=I$; $\mathcal{D}(B)=\mathcal{X}$; $C=-\dfrac{\partial^2}{\partial x^2}$; $\mathcal{D}(C)=\{u(x,\cdot)\in\mathcal{X}:\ u(x,\cdot)'_x$ 绝对连续, $u(x,\cdot)'_x,\ u(x,\cdot)''_x\in\mathcal{X},\ u(0,\cdot)=u(1,\cdot)=0\}$.

显然, $\boldsymbol{H}$ 是辛自伴的 Hamilton 算子矩阵. 考虑方程

$$(\boldsymbol{H}-\lambda)w=0,\ w=(uv)^t\in\mathcal{D}(\boldsymbol{H}),\ \lambda\in\mathbb{C},$$

即方程组

$$\begin{cases}-\lambda u+v=0,\\ -u''-\lambda v=0,\end{cases} \tag{3.2.18}$$

经计算可知, 方程组(3.2.18)具有以下形式的解:

$$\begin{cases}u=C_1\mathrm{e}^{\mathrm{i}\lambda x}+C_2\mathrm{e}^{-\mathrm{i}\lambda x},\\ v=\lambda(C_1\mathrm{e}^{\mathrm{i}\lambda x}+C_2\mathrm{e}^{-\mathrm{i}\lambda x}),\end{cases}$$

其中，C_1，C_2 为任意常数. 结合边界条件 $u(0)=u(1)=0$ 可知，当 $\lambda=0$ 时，可得 $u=v=0$，因而 $\boldsymbol{H}-\lambda$ 是单射. 当 $\lambda\neq k\pi(k=\pm1, \pm2, \cdots)$时，$C_1=C_2=0$，方程组(3.2.18)只有零解，因而 $\boldsymbol{H}-\lambda$ 也是单射. 当 $\lambda=k\pi(k=\pm1, \pm2, \cdots)$时，方程组(3.2.18)具有非零解，$\boldsymbol{H}-\lambda$ 不是单射，因而

$$\sigma_{\mathrm{p}}(\boldsymbol{H})=\{k\pi: k=\pm1, \pm2, \cdots\}.$$

下面验证，当 $\lambda=k\pi(k=\pm1, \pm2, \cdots)$时，$\overline{\mathcal{R}(H-\lambda)}\neq\mathcal{X}$；当 $\lambda\neq k\pi(k=\pm1, \pm2, \cdots)$时，$\overline{\mathcal{R}(H-\lambda)}=\mathcal{X}$，故

$$\sigma_{\mathrm{p}_{12}}(\boldsymbol{H})=\varnothing,\ \sigma_{\mathrm{p}}(\boldsymbol{H})=\sigma_{\mathrm{p}_{34}}(\boldsymbol{H})=\{k\pi: k=\pm1, \pm2, \cdots\}. \tag{3.2.19}$$

事实上，因为

$$\overline{\mathcal{R}(\boldsymbol{H}-\lambda)}\neq X\Leftrightarrow\mathcal{R}(\boldsymbol{H}-\lambda)^{\perp}\neq\{0\}\Leftrightarrow\mathcal{N}(\boldsymbol{H}^*-\overline{\lambda})\neq\{0\}, \tag{3.2.20}$$

再由 Hamilton 算子矩阵具有辛自伴性易知，

$$\boldsymbol{H}^*=\begin{pmatrix}A^* & C\\ B & -A\end{pmatrix}=\begin{pmatrix}0 & -\dfrac{\partial^2}{\partial x^2}\\ I & 0\end{pmatrix}: \mathcal{D}(B)\oplus\mathcal{D}(C)\to\mathcal{X}\oplus\mathcal{X}.$$

所以，方程

$$(\boldsymbol{H}^*-\overline{\lambda})\hat{w}=0,\ \hat{w}\in\mathcal{D}(\boldsymbol{H}^*),\ \lambda\in\mathbb{C},$$

与方程组(3.2.18)有相同形式. 因而，当 $\lambda=k\pi(k=\pm1, \pm2, \cdots)$时，$\boldsymbol{H}^*-\overline{\lambda}$ 不是单射. 由式(3.2.20)可知，$\overline{\mathcal{R}(\boldsymbol{H}-\lambda)}\neq\mathcal{X}$. 当 $\lambda\neq k\pi(k=\pm1, \pm2, \cdots)$时，$\overline{\mathcal{R}(\boldsymbol{H}-\lambda)}=\mathcal{X}$. 式(3.2.19)成立. 因此，$\sigma_{\mathrm{r}}(\boldsymbol{H})=\varnothing$. 可见，定理 3.2.2 的结论是正确的.

例 3.2.2 考虑对边简支板弯曲方程

$$D\left(\frac{\partial^2}{\partial x^2}+\frac{\partial^2}{\partial y^2}\right)^2 w=f(x, y), \tag{3.2.21}$$

式中，D 是抗弯刚度；w 为挠度；$f(x, y)$是区域$\{(x, y): 0\leqslant x\leqslant h, 0\leqslant y\leqslant1\}$上的横向荷载. 简支边界条件为 $w=0$，$\dfrac{\partial^2 w}{\partial y^2}=0(y=0, y=1)$.

将式(3.2.21)转化成 Hamilton 正则系统

$$\frac{\partial}{\partial x}\begin{pmatrix} w \\ m \\ n \\ p \end{pmatrix}=\begin{pmatrix} 0 & I & 0 & 0 \\ -\frac{\partial^2}{\partial y^2} & 0 & 0 & -\frac{1}{D} \\ 0 & 0 & 0 & \frac{\partial^2}{\partial y^2} \\ 0 & 0 & -I & 0 \end{pmatrix}\begin{pmatrix} w \\ m \\ n \\ p \end{pmatrix}+\begin{pmatrix} 0 \\ 0 \\ f \\ 0 \end{pmatrix}, \tag{3.2.22}$$

式中，$m=\frac{\partial w}{\partial x}$；$n=D\left(\frac{\partial^3 w}{\partial x^3}+\frac{\partial^3 w}{\partial x\partial y^2}\right)$；$p=-D\left(\frac{\partial^2 w}{\partial x^2}+\frac{\partial^2 w}{\partial y^2}\right)$.

令$\mathcal{X}=L^2[0, 1]$，则板的弯曲问题被转化为空间$\mathcal{X}\oplus\mathcal{X}\oplus\mathcal{X}\oplus\mathcal{X}$中的抽象 Cauchy 问题，相应的 Hamilton 算子矩阵

$$\boldsymbol{H}=\begin{pmatrix} 0 & I & 0 & 0 \\ -\frac{\partial^2}{\partial y^2} & 0 & 0 & -\frac{1}{D} \\ 0 & 0 & 0 & \frac{\partial^2}{\partial y^2} \\ 0 & 0 & -I & 0 \end{pmatrix}: \mathcal{D}(\boldsymbol{H})=\left\{\begin{pmatrix} w(\cdot, y) \\ m(\cdot, y) \\ n(\cdot, y) \\ p(\cdot, y) \end{pmatrix}\in\mathcal{X}^4: \begin{array}{l} w(\cdot, 0)=w(\cdot, 1)=0, \\ w''_y(\cdot, 0)=w''_y(\cdot, 1)=0, \\ w'_y(\cdot, y)\text{绝对连续}, \\ w''_y(\cdot, y)\in\mathcal{X} \end{array}\right\}\to\mathcal{X}^4,$$

为上三角分块形式，其中

$$\boldsymbol{A}=\begin{pmatrix} 0 & I \\ -\frac{\partial^2}{\partial y^2} & 0 \end{pmatrix}, \ \boldsymbol{B}=\begin{pmatrix} 0 & 0 \\ 0 & -\frac{1}{D} \end{pmatrix}, \ -\boldsymbol{A}^*=\begin{pmatrix} 0 & \frac{\partial^2}{\partial y^2} \\ -I & 0 \end{pmatrix}.$$

因$\boldsymbol{B}$是有界算子，易知$\boldsymbol{H}$是辛自伴的 Hamilton 算子矩阵. 采用与例 3. 2. 1 类似的方法，计算可得

$$\sigma_{\mathrm{p}}(\boldsymbol{H})=\sigma_{\mathrm{p}34}(H)=\{k\pi: k=\pm1, \pm2, \cdots\},$$

并且$\sigma_{\mathrm{r}}(\boldsymbol{H})=\varnothing$.

第 4 章　算子矩阵的 n 次数值域的对称性

4.1　一类算子矩阵二次数值域的对称性

4.1.1　数值域的加法性质

自 1918—1919 年, Toeplitz 和 Hausdorff 证明了算子数值域是凸集之后, 线性算子数值域、数值半径及各类广义数值域等内容, 一直吸引着很多学者的关注.

定义 4.1.1[9]　称集合 $\mathcal{W}(T)=\{\lambda: \lambda=(Tv, v), \|v\|=1, v\in\mathcal{H}\}$ 为有界算子 T 的数值域.

数值域有以下性质:

引理 4.1.1　设 $A, B, U\in\mathcal{B}(\mathcal{H})$, 其中 U 是酉算子, $\alpha, \beta\in\mathbb{C}$, 则

(1) $\mathcal{W}(U^*AU)=\mathcal{W}(A)$;

(2) $\mathcal{W}(\alpha A+\beta)=\alpha\mathcal{W}(A)+\beta$;

(3) $\sigma(A)\subset\overline{\mathcal{W}(A)}$;

(4) $\mathcal{W}(A+B)\subset\mathcal{W}(A)+\mathcal{W}(B)$.

任何有界算子 A 都可以表示成

$$A=H+\mathrm{i}K,$$

其中

$$H=\frac{A+A^*}{2},\ K=\frac{A-A^*}{2\mathrm{i}}.$$

故

$$\mathcal{W}(A)=\mathcal{W}(H+\mathrm{i}K)\subset\mathcal{W}(H)+\mathrm{i}\,\mathcal{W}(K).$$

定理 4.1.1　任意 $A, B, U\in\mathcal{B}(\mathcal{H})$，其中 $U\in U(\mathcal{H})$，则

$$\bigcup_{U\in U(\mathcal{H})}\mathcal{W}(A+U^*BU)=\mathcal{W}(A)+\mathcal{W}(B)=\{\lambda+\mu:\ \lambda\in\mathcal{W}(A),\ \mu\in\mathcal{W}(B)\}.$$

证明　易知

$$\bigcup_{U\in U(\mathcal{H})}\mathcal{W}(A+U^*BU)\subset\mathcal{W}(A)+\bigcup_{U\in U(\mathcal{H})}\mathcal{W}(U^*BU)=\mathcal{W}(A)+\mathcal{W}(B).$$

再证

$$\mathcal{W}(A)+\mathcal{W}(B)\subset\bigcup_{U\in U(\mathcal{H})}\mathcal{W}(A+U^*BU).$$

对于任意 $\lambda_1\in\mathcal{W}(A)$，$\lambda_2\in\mathcal{W}(B)$，存在 $x, y\in S_{\mathcal{H}}$，使得 $\lambda_1=(Ax, x)$，$\lambda_2=(By, y)$. 又因为对于任意 $x, y\in S_{\mathcal{H}}$，存在 $U\in U(\mathcal{H})$，使得 $y=Ux$，所以

$$\lambda_2=(By, y)=(BUx, Ux)=(U^*BUx, x),$$

从而

$$\mathcal{W}(A)+\mathcal{W}(B)\subset\bigcup_{U\in U(\mathcal{H})}\mathcal{W}(A+U^*BU),$$

故

$$\bigcup_{U\in U(\mathcal{H})}\mathcal{W}(A+U^*BU)=\mathcal{W}(A)+\mathcal{W}(B).$$

注(定理 4.1.1)　对有界算子矩阵 $\boldsymbol{M}$ 可以进行如下分解：

$$\boldsymbol{M}=\begin{pmatrix}A & B\\ C & D\end{pmatrix}=\begin{pmatrix}A & 0\\ 0 & D\end{pmatrix}+\begin{pmatrix}0 & B\\ C & 0\end{pmatrix}.$$

4.1.2　一类有界算子矩阵的二次数值域的对称性

二次数值域的一个主要优点是它能比数值域更精确地刻画一个算子矩阵谱的性质.

引理 4.1.2　有界算子矩阵 $\boldsymbol{M}$ 的二次数值域可以看成一系列共中心的两组双曲线的交点的集合.

证明　由二次数值域定义可知

$$\mathcal{W}^2(\boldsymbol{M})=\left\{\lambda\in\mathbb{C}:\ \det\begin{pmatrix}(Ax_1, x_1)-\lambda & (Bx_2, x_1)\\ (Cx_1, x_2) & (Dx_2, x_2)-\lambda\end{pmatrix}=0\right\},$$

其中$(x_1, x_2)^t\in S^2$，即二次数值域是满足方程

$$((Ax_1, x_1)-\lambda)((Dx_2, x_2)-\lambda)-(Bx_2, x_1)(Cx_1, x_2)=0$$

的所有λ的集合. 令$\alpha_1=(Ax_1, x_1)$，$\alpha_2=(Dx_2, x_2)$，$\alpha_3=(Bx_2, x_1)$，$\alpha_4=(Cx_1, x_2)$，所以存在特征值λ_1，λ_2满足方程

$$(\alpha_1-\lambda)(\alpha_2-\lambda)-\alpha_3\alpha_4=0.$$

把λ看成$(x_1, x_2)^t$的函数. 记

$$\lambda_{1,2}-\frac{\alpha_1+\alpha_2}{2}=\pm\sqrt{\left(\frac{\alpha_1-\alpha_2}{2}\right)^2+\alpha_3\alpha_4}. \tag{4.1.1}$$

令$\beta+\mathrm{i}\gamma=\dfrac{\alpha_1+\alpha_2}{2}$ $(\beta, \gamma\in\mathbb{R})$，$\lambda_j=x_j+\mathrm{i}y_j$ $(j=1, 2)$，并将式(4.1.1)分解成实部和虚部

$$\begin{cases}(x-\beta)^2-(y-\gamma)^2=\dfrac{1}{4}\mathrm{Re}\,(\alpha_1-\alpha_2)^2+\mathrm{Re}\alpha_3\alpha_4,\\(x-\beta)(y-\gamma)=\dfrac{1}{8}\mathrm{Im}\,(\alpha_1-\alpha_2)^2+\dfrac{1}{2}\mathrm{Im}\alpha_3\alpha_4.\end{cases} \tag{4.1.2}$$

由几何知识可知，方程组(4.1.2)表示中心在(β, γ)的两条双曲线. λ_1，λ_2为两条曲线的两个交点且关于(β, γ)中心对称.

注(引理4.1.2) 若能保证双曲线的中心不变，则二次数值域关于该点对称. 例如，算子矩阵

$$\boldsymbol{M}=\begin{pmatrix}\alpha\boldsymbol{I} & B\\ C & \beta\boldsymbol{I}\end{pmatrix},$$

其中，$\alpha, \beta\in\mathbb{C}$，$B, C\in\mathcal{B}(\mathcal{H})$，则$\mathcal{W}^2(\boldsymbol{M})$关于点$\left(\mathrm{Re}\,\dfrac{\alpha+\beta}{2}, \mathrm{Im}\,\dfrac{\alpha+\beta}{2}\right)$对称.

定理4.1.2 设$\boldsymbol{M}=\begin{pmatrix}A & \alpha B\\ \beta C & \theta A^*\end{pmatrix}$为Hilbert空间$\mathcal{H}^2$上的线性算子矩阵，其中$B$，$C$满足$B=B^*$，$C=C^*$或$B=-B^*$，$C=-C^*$，$\theta=\pm1$，$\beta=r\,\overline{\alpha}$，任意$r\in\mathbb{R}$，则有如下结论：

(1)当$\theta=1$时，$\mathcal{W}^2(\boldsymbol{M})$关于实轴对称；

(2)当$\theta=-1$时，$\mathcal{W}^2(\boldsymbol{M})$关于虚轴对称.

证明　当 $\theta=1$ 时，任意 $(x_1, x_2)^t\in S^2$，

$$\det\begin{pmatrix}(Ax_1, x_1)-\lambda & (\alpha Bx_2, x_1)\\ (\beta Cx_1, x_2) & (A^*x_2, x_2)-\lambda\end{pmatrix}=0.$$

令 $\alpha_1=(Ax_1, x_1)$，$\alpha_2=(A^*x_2, x_2)$，$\alpha_3=(\alpha Bx_2, x_1)$，$\alpha_4=(\beta Cx_1, x_2)$，由引理 4.1.2 可得，$\lambda_1$，$\lambda_2$ 对应的双曲线方程为

$$\begin{cases}(x-\beta)^2-(y-\gamma)^2=\dfrac{1}{4}\mathrm{Re}\,(\alpha_1-\alpha_2)^2+\mathrm{Re}\alpha_3\alpha_4,\\[2mm] (x-\beta)(y-\gamma)=\dfrac{1}{8}\mathrm{Im}\,(\alpha_1-\alpha_2)^2+\dfrac{1}{2}\mathrm{Im}\alpha_3\alpha_4.\end{cases}\tag{4.1.3}$$

由于 $(x_2, x_1)^t\in S^2$，

$$\det\begin{pmatrix}(Ax_2, x_2)-\lambda & (\alpha Bx_1, x_2)\\ (\beta Cx_2, x_1) & (A^*x_1, x_1)-\lambda\end{pmatrix}=0,$$

可知 λ_1'，λ_2'对应的双曲线方程为

$$\begin{cases}(x-\beta)^2-(y+\gamma)^2=\dfrac{1}{4}\mathrm{Re}\,(\alpha_1-\alpha_2)^2+\mathrm{Re}\alpha_3\alpha_4,\\[2mm] (x-\beta)(y+\gamma)=-\dfrac{1}{8}\mathrm{Im}\,(\alpha_1-\alpha_2)^2-\dfrac{1}{2}\mathrm{Im}\alpha_3\alpha_4.\end{cases}\tag{4.1.4}$$

利用几何关系易知 λ_1，λ_2 与 λ_1'，λ_2'分别关于实轴对称，从而 $\mathcal{W}^2(\boldsymbol{M})$ 关于实轴对称.

同理可证，当 $\theta=-1$ 时，$\mathcal{W}^2(\boldsymbol{M})$ 关于虚轴对称.

注(定理 4.1.2)　在定理 4.1.2 中，当 $\theta=-1$，$\alpha=\beta=1$ 时，$\boldsymbol{M}$ 为 Hamilton 算子矩阵，即可推出 Hamilton 算子矩阵的二次数值域关于虚轴的对称性.

利用定理 4.1.2，可以直接得到下面两个推论(见文献[9]第 17 页，命题 1.2.8～1.2.9).

推论 4.1.1　若 $\boldsymbol{M}=\begin{pmatrix}A & B\\ C & A^*\end{pmatrix}$，$B=B^*$，$C=C^*$ 或 $B=-B^*$，$C=-C^*$，则 $\mathcal{W}^2(\boldsymbol{M})$ 关于实轴对称.

推论 4.1.2　若 $\boldsymbol{M}=\begin{pmatrix}A & B\\ C & -A^*\end{pmatrix}$，$B=B^*$，$C=C^*$ 或 $B=-B^*$，$C=-C^*$，则 $\mathcal{W}^2(\boldsymbol{M})$ 关于虚轴对称.

推论 4.1.3　若 $|\alpha|=1$，而其余条件同定理 4.1.2，$\boldsymbol{M}=\begin{pmatrix}A & \alpha B\\ \alpha^{-1}C & \theta A^*\end{pmatrix}$，$\boldsymbol{M}_1=$

$\begin{pmatrix} A & B \\ C & \theta A^* \end{pmatrix}$，则$\mathcal{W}(\boldsymbol{M})=\mathcal{W}(\boldsymbol{M}_1)$，$\mathcal{W}^2(\boldsymbol{M})=\mathcal{W}^2(\boldsymbol{M}_1)$.

(1)当 $\theta=1$ 时，$\mathcal{W}^2(\boldsymbol{M})$关于实轴对称.

(2)当 $\theta=-1$ 时，$\mathcal{W}^2(\boldsymbol{M})$关于虚轴对称.

证明 根据引理 4.1.2，易证 $\boldsymbol{M}$ 与 $\boldsymbol{M}_1$ 关于 $\boldsymbol{U}=\begin{pmatrix} \alpha^{\frac{1}{2}} & 0 \\ 0 & \alpha^{-\frac{1}{2}} \end{pmatrix}$酉相似，所以$\mathcal{W}(\boldsymbol{M})=\mathcal{W}(\boldsymbol{M}_1)$，$\mathcal{W}^2(\boldsymbol{M})=\mathcal{W}^2(\boldsymbol{M}_1)$. 结论(1)(2)是定理 4.1.2 中 $r=1$ 情形.

4.2 一类 Hamilton 算子矩阵的 n 次数值域的对称性

本节从 α-J-自伴算子的 n 次数值域关于过原点直线的对称性出发，给出有界 Hamilton 算子矩阵的一类 n 次数值域关于虚轴的对称性.

4.2.1 α-J-自伴算子

首先介绍本节使用的符号.

$$S_{\mathcal{H}}=\{x\in\mathcal{H}:\ \|x\|=1\}$$

表示$\mathcal{H}$中单位球面，

$$S^n=\{(x_1\cdots x_n)^t\in\mathcal{H}^n:\ \|x_j\|=1,\ j=1,\ 2,\ \cdots n\}.$$

任意 $\boldsymbol{M}\in\mathcal{B}(\mathcal{H}^n)$均可写为 $\boldsymbol{M}=(M_{jk})_{n\times n}$，其中 $M_{jk}\in\mathcal{B}(\mathcal{H})(j,\ k=1,\ 2,\ \cdots,\ n)$.

定义 4.2.1 设 $\boldsymbol{J}=(J_{jk})_{n\times n}\in\mathcal{B}(\mathcal{H}^n)(j,\ k=1,\ 2,\ \cdots,\ n)$，满足：

(1)$J_{jk}\in\{I,\ -I,\ 0\}$；

(2)$\boldsymbol{J}$ 的每一行和每一列只有一个非零算子；

(3)$\boldsymbol{J}^*=\boldsymbol{J}^{-1}=\pm\boldsymbol{J}$.

若 $\boldsymbol{M}=(M_{jk})_{n\times n}\in\mathcal{B}(\mathcal{H}^n)(j,\ k=1,\ 2,\ \cdots,\ n)$，满足$(\boldsymbol{JM})^*=\alpha\boldsymbol{JM}$，则称 $\boldsymbol{M}$ 为 α-J-自伴算子矩阵，本书只讨论$|\alpha|=1$ 的情形.

引理 4.2.1[9] $\mathcal{W}^2(U^{-1}\boldsymbol{M}U)=\mathcal{W}^2(\boldsymbol{M})$，$U=\mathrm{diag}(U_1,\ U_2)$，其中 U_1，U_2 分别是$\mathcal{B}(\mathcal{H}_1)$，$\mathcal{B}(\mathcal{H}_2)$中酉算子.

引理 4.2.2 复数 λ 与$\overline{\alpha}\,\overline{\lambda}$($|\alpha|=1$，$\alpha\in\mathbb{C}$)关于直线$\ell_1$ 对称，与$-\overline{\alpha}\overline{\lambda}$ 关于直线ℓ_2 对称.

$$\ell_1:\begin{cases} y=\tan\left(\dfrac{1}{2}\arg\overline{\alpha}\right)x, & \alpha\neq -1, \\ x=0, & \alpha=-1, \end{cases}$$

$$\ell_2:\begin{cases} y=\tan\left(\dfrac{1}{2}\arg\overline{\alpha}+\dfrac{\pi}{2}\right)x, & \alpha\neq 1, \\ x=0, & \alpha=1, \end{cases}$$

证明　设 $\lambda=|\lambda|e^{i\theta_1}$, $\alpha=e^{i\theta_2}$, 那么 $\overline{\lambda}=|\lambda|e^{-i\theta_1}$, $\overline{\alpha}=e^{-i\theta_2}$. 得到 $\overline{\alpha}\overline{\lambda}=|\lambda|e^{-i(\theta_1+\theta_2)}$. λ 与 $\overline{\alpha}\overline{\lambda}$ 的辐角分别为 $\arg\lambda=\theta_1$, $\arg\overline{\alpha}\overline{\lambda}=-(\theta_1+\theta_2)$. 当 $\alpha=-1$ 时, $\overline{\alpha}\overline{\lambda}=-\overline{\lambda}$. 因此 λ 与 $\overline{\alpha}\overline{\lambda}$ 关于直线 $x=0$ 对称. 当 $\alpha\neq -1$ 时, 复数 λ 与 $\overline{\alpha}\overline{\lambda}$ 的对称轴的辐角为

$$\theta_3=\frac{\arg\lambda+\arg\overline{\alpha}\overline{\lambda}}{2}=\frac{\theta_1-(\theta_1+\theta_2)}{2}=-\frac{\theta_2}{2}=\frac{1}{2}\arg\overline{\alpha}.$$

那么, 复数 λ 与 $\overline{\alpha}\overline{\lambda}$ 的对称轴的方程为 $y=\tan\left(\dfrac{1}{2}\arg\overline{\alpha}\right)x$.

综上, 复数 λ 与 $\overline{\alpha}\overline{\lambda}$ 关于直线 ℓ_1 对称.

同理, 可证复数 λ 与 $-\overline{\alpha}\overline{\lambda}$ ($|\alpha|=1$, $\alpha\in\mathbb{C}$) 关于直线 ℓ_2 对称.

引理 4.2.3　若 $\boldsymbol{M}$ 为 α-J-自伴算子矩阵, 定义 $J_n\in\mathbb{C}^{n\times n}$,

$$(J_n)_{jk}=\begin{cases} 1, & J_{jk}=I, \\ -1, & J_{jk}=-I, \quad (j,\ k=1,\ 2,\ \cdots,\ n), \\ 0, & J_{jk}=0, \end{cases}$$

则对于任意 $(x_1,\ \cdots,\ x_n)^t\in S^n$, 存在 x_1, $\cdots$, x_n 的一个排列 x_{i1}, $\cdots$, x_{in}, 使得 $y=(x_{i1},\ \cdots,\ x_{in})^t$ 满足 $M_y=\overline{\alpha}J_nM_x^*J_n$.

证明　因为 $\boldsymbol{M}$ 为 α-J-自伴算子矩阵, 由 $\boldsymbol{J}$ 的定义可知, $\boldsymbol{M}=\overline{\alpha}\boldsymbol{J}\boldsymbol{M}^*\boldsymbol{J}$. 对分块进行归纳假设. 为了方便证明, 对于 $\boldsymbol{M}=(M_{jk})_{n\times n}\in\mathcal{B}(\mathcal{H}^n)$, 记 $M_n(x)=M_x$, 任意 $x\in S^n$, 并且不区分初等矩阵和对应分块算子的记号.

当 $n=1$ 时, $\boldsymbol{J}=\pm\boldsymbol{I}$, 结论显然成立.

假设结论对 $n-1$ 个分块成立, 即存在 x_1, $\cdots$, x_{n-1} 的一个排列 x_{i1}, $\cdots$, x_{in-1}, 使得 $\boldsymbol{y}=(x_1\quad x_2\cdots\ x_n)^t$ 满足

$$M_{n-1}(y)=\overline{\alpha}J_{n-1}M_{n-1}^*(x)J_{n-1},$$

那么对 n 个分块有

$$M_n=\overline{\alpha}\boldsymbol{J}M_n^*\boldsymbol{J}.$$

用 $\boldsymbol{I}_{1j}$表示第一行与第 j 行互换的初等矩阵，用 $\boldsymbol{I}_{j1}$表示第 j 列与第一列互换的初等矩阵. 考虑 $\boldsymbol{J}$ 的第一列，由定义可知，$\boldsymbol{J}$ 的第一列只有一个算子不为 0.

情形 1：$\boldsymbol{J}_{j1}=\boldsymbol{I}$，此时 $\boldsymbol{J}_{1j}=\boldsymbol{I}$ 或$-\boldsymbol{I}$.

当 $\boldsymbol{J}_{1j}=\boldsymbol{I}$ 时，$\boldsymbol{J}$ 做如下分解：

$$\boldsymbol{J}=\begin{pmatrix}\boldsymbol{I} & 0\\ 0 & \boldsymbol{K}_{n-1}\end{pmatrix}\boldsymbol{I}_{j1}=\boldsymbol{I}_{1j}\begin{pmatrix}\boldsymbol{I} & 0\\ 0 & \boldsymbol{K}_{n-1}\end{pmatrix},$$

其中，$\boldsymbol{K}_{n-1}$是一个$(n-1)\times(n-1)$算子矩阵. 容易验证 $\boldsymbol{K}_{n-1}$满足

$$(\boldsymbol{K}_{n-1})^*=(\boldsymbol{K}_{n-1})^{-1}=\pm\boldsymbol{K}_{n-1}$$

的性质，所以

$$\overline{\alpha}J_nM_n^*(x)J_n=\overline{\alpha}\begin{pmatrix}\boldsymbol{I} & 0\\ 0 & \boldsymbol{K}_{n-1}\end{pmatrix}\boldsymbol{I}_{j1}M_n^*(x)\boldsymbol{I}_{1j}\begin{pmatrix}\boldsymbol{I} & 0\\ 0 & \boldsymbol{K}_{n-1}\end{pmatrix}.$$

进而

$$\overline{\alpha}J_nM_n^*(x)J_n=\overline{\alpha}\begin{pmatrix}1 & 0\\ 0 & J_{n-1}\end{pmatrix}\cdot$$

$$\begin{pmatrix}(A_{jj}^*x_j,\ x_j) & (A_{2j}^*x_2,\ x_j) & \cdots & (A_{1j}^*x_1,\ x_j) & \cdots & (A_{nj}^*x_n,\ x_j)\\ (A_{j2}^*x_j,\ x_2) & (A_{22}^*x_2,\ x_2) & \cdots & (A_{12}^*x_1,\ x_2) & \cdots & (A_{n2}^*x_n,\ x_2)\\ \vdots & \vdots & & \vdots & & \vdots\\ (A_{j1}^*x_j,\ x_1) & (A_{21}^*x_2,\ x_1) & \cdots & (A_{11}^*x_1,\ x_1) & \cdots & (A_{n1}^*x_n,\ x_1)\\ \vdots & \vdots & & \vdots & & \vdots\\ (A_{jn}^*x_j,\ x_n) & (A_{2n}^*x_2,\ x_n) & \cdots & (A_{1n}^*x_1,\ x_n) & \cdots & (A_{nn}^*x_n,\ x_n)\end{pmatrix}\cdot$$

$$\begin{pmatrix}1 & 0\\ 0 & J_{n-1}\end{pmatrix},$$

可得

$$\overline{\alpha}J_nM_n{}^*(x)J_n=\overline{\alpha}\begin{pmatrix}(A_{jj}^*x_j,\ x_j) & BJ_{n-1}\\ J_{n-1}C & J_{n-1}M_{n-1}^*(x)J_{n-1}\end{pmatrix}.$$

由归纳假设可知, $\boldsymbol{y}=(x_j \quad x_{i1}\cdots x_{in-1})^t$ 满足 $M_y=\overline{\alpha}J_nM_x^*J_n$, 其中 x_1, …, x_{n-1} 的一个排列 x_{i1}, …, x_{in-1}.

当 $\boldsymbol{J}_{1j}=-\boldsymbol{I}$ 时, 可类似证明.

情形 2: $\boldsymbol{J}_{j1}=-\boldsymbol{I}$, 同理可证. 所以 n 时结论成立. 综上, 命题得证.

4.2.2　Hamilton 算子矩阵 n 次数值域的对称性

定理 4.2.1　设 $\alpha\in\mathbb{C}$, $|\alpha|=1$, $\boldsymbol{J}\in\mathcal{B}(\mathcal{H}^n)$ 且 $\boldsymbol{J}^*=\boldsymbol{J}^{-1}$, $\boldsymbol{M}\in\mathcal{B}(\mathcal{H}^n)$ 且为 α-J-自伴算子矩阵, 则

(1)若 $\boldsymbol{J}^2=\boldsymbol{I}$, $\mathcal{W}^n(\boldsymbol{M})$ 关于直线 ℓ_1 对称;

(2)若 $\boldsymbol{J}^2=-\boldsymbol{I}$, $\mathcal{W}^n(\boldsymbol{M})$ 关于直线 ℓ_2 对称.

证明　先证 $\boldsymbol{J}^2=\boldsymbol{I}$ 情形, 任意 $\lambda\in\mathcal{W}^n(\boldsymbol{M})$, 只需证 $\overline{\alpha\lambda}\in\mathcal{W}^n(\boldsymbol{M})$ 即可.

设 $\lambda\in\mathcal{W}^n(\boldsymbol{M})$, 根据定义, 存在 $\boldsymbol{x}=(x_1, \cdots, x_n)^t\in S^n$ 使得

$$\det(M_x-\lambda\boldsymbol{I})=0,$$

由行列式的性质知

$$\det(M_x^*-\overline{\lambda}\boldsymbol{I})=0,$$

从而

$$\det(\overline{\alpha}M_x^*-\overline{\alpha}\overline{\lambda}\boldsymbol{I})=0,$$

可得

$$\det(\overline{\alpha}\boldsymbol{J}M_x^*\boldsymbol{J}-\overline{\alpha}\overline{\lambda}\boldsymbol{J}^2)=0.$$

由引理 4.2.3 可知, 对于任意 $(x_1, \cdots, x_n)^t\in S^n$, 存在 x_1, …, x_n 的一个排列 x_{i1}, …, x_{in}, 使得 $\boldsymbol{y}=(x_{i1}, \cdots, x_{in})^t$ 满足

$$M_y=\overline{\alpha}J_nM_x^*J_n,$$

于是

$$\det(M_y-\overline{\alpha}\overline{\lambda}\boldsymbol{I})=0,$$

所以 $\overline{\alpha\lambda}\in\mathcal{W}^n(\boldsymbol{M})$. 由引理 4.2.2 可知, $\mathcal{W}^n(\boldsymbol{M})$ 关于直线 ℓ_1 对称.

同理可证，当 $J^2=-I$ 时，$\mathcal{W}^n(M)$ 关于直线 ℓ_2 对称.

注(定理 4.2.1) 因为 $J^*=J^{-1}=\pm J$，即 J 为酉算子. 对于定义 4.2.1 中的酉算子，有界算子的 n 次数值域具有酉相似不变性.

推论 4.2.1 Hilbert 空间 $\mathcal{H}^n$ 上的有界 Hamilton 算子矩阵 H 的一类 n 次数值域关于虚轴对称，其中 n 为偶数.

证明 因为有界 Hamilton 算子矩阵 $H=\begin{pmatrix} A & B \\ C & -A^* \end{pmatrix}$，$B=B^*$，$C=C^*$，满足 $(JH)^*=JH$，其中 $J=\begin{pmatrix} 0 & I \\ -I & 0 \end{pmatrix}$，$\alpha=1$，由定理 4.2.1 可知，Hamilton 算子矩阵 H 的一类 n 次数值域关于虚轴对称.

特别地，当 $n=2$ 时，Hamilton 算子矩阵的一类二次数值域关于虚轴对称.

注(推论 4.2.1) Hamilton 算子矩阵的一类二次数值域是指在均等空间分解下的二次数值域. 在不同的空间分解下，数值域一般不具有对称性. 算子的 n 次数值域的性质与空间分解有关，因其空间分解不同，所得到的 n 次数值域性质可能完全不同.

4.2.3 Hamilton 矩阵的 n 次数值域举例

例 4.2.1 考虑在下面不同空间分解下 Hamilton 矩阵 H 的二次数值域的对称性. 设

$$H=\begin{pmatrix} 2+\mathrm{i} & -3+3\mathrm{i} & 2 & 0 \\ 0 & 4-2\mathrm{i} & 0 & 2 \\ 0 & 0 & -2+\mathrm{i} & 0 \\ 0 & 0 & 3+3\mathrm{i} & -4-2\mathrm{i} \end{pmatrix},$$

则 H 满足 $(JH)^*=JH$，其中

$$J=\begin{pmatrix} 0 & 0 & 1 & 0 \\ 0 & 0 & 0 & 1 \\ -1 & 0 & 0 & 0 \\ 0 & -1 & 0 & 0 \end{pmatrix}.$$

但 $\mathcal{W}^2_{\mathbb{C}^2\oplus\mathbb{C}^2}(H)$ 关于虚轴对称[见图 4.2.1(a)]，$\mathcal{W}^2_{\mathbb{C}^1\oplus\mathbb{C}^3}(H)$ 关于虚轴不对称[见图 4.2.1(b)].

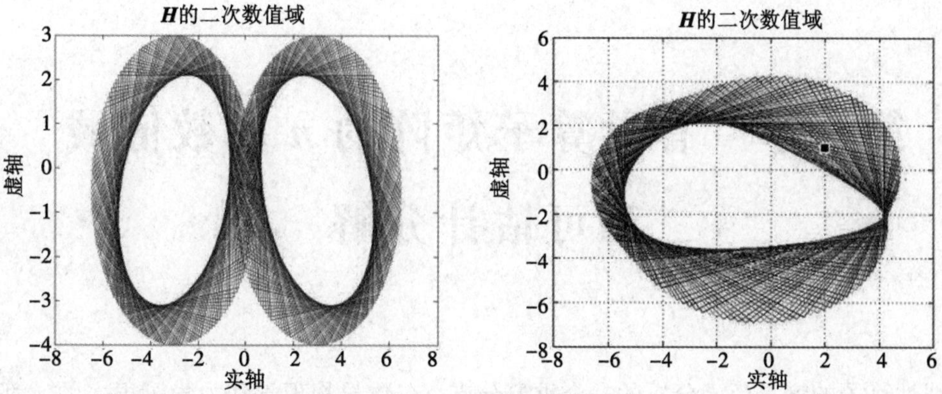

(a)　　　　　　　　(b)

图 4.2.1　Hamilton 矩阵 H 的二次数值域在空间 $\mathcal{H}=\mathbb{C}^2\oplus\mathbb{C}^2$ 分解下关于虚轴对称和在空间 $\mathcal{H}=\mathbb{C}^1\oplus\mathbb{C}^3$ 分解下关于虚轴不对称

第 5 章　有界算子矩阵的 n 次数值域和可估计分解

线性算子的谱是泛函分析的一个重要分支，在数学物理学和力学等很多领域都有广泛的应用. 例如，算子谱理论为研究算子本征值与本征向量提供方法，为量子力学中的问题求解提供理论基础，为工程学中图像处理、语音识别等提供理论依据。因此，研究线性算子谱的分布范围显得尤为重要。设$\mathcal{B}(\mathcal{H})$是 Hilbert 空间$\mathcal{H}$上的有界线性算子全体. 线性算子的 n 次数值域推广了数值域和二次数值域的概念，采用空间分解更加精细的方法，刻画出谱的分布范围。进一步，对算子矩阵 $\boldsymbol{M}\in\mathcal{B}(\mathcal{H})$，通过空间分解的加细，可得到一个单调递减的紧子集列$\{\overline{\mathcal{W}^k(\boldsymbol{M})}\}_{k=1}^{\infty}$，并且 $\sigma(\boldsymbol{M})\subseteq\bigcap_{k=1}^{\infty}\overline{\mathcal{W}^k(\boldsymbol{M})}$. 那么，是否存在一组加细的空间分解列，使得在这组分解列的紧子集列$\{\overline{\mathcal{W}^k(\boldsymbol{M})}\}_{k=1}^{\infty}$满足等式 $\sigma(\boldsymbol{M})=\bigcap_{k=1}^{\infty}\overline{\mathcal{W}^k(\boldsymbol{M})}$呢？文献[7]给出可分 Hilbert 空间的完全分解和可估计分解的概念，并指出：任意无穷维可分 Hilbert 空间$\mathcal{H}$都存在一个线性算子 $\boldsymbol{M}\in\mathcal{B}(\mathcal{H})$和两个完全分解，其中一个对 $\sigma(\boldsymbol{M})$可估计，而另一个不是.

本章研究无穷维可分 Hilbert 空间上有界算子矩阵的 n 次数值，部分解决了文献[7]提出的 Salemi 猜想：对于无穷维可分 Hilbert 空间上的任意有界算子 $\boldsymbol{M}$，都存在可估计分解，使得等式 $\sigma(\boldsymbol{M})=\bigcap_{n=1}^{\infty}\overline{\mathcal{W}^n(\boldsymbol{M})}$成立，证明了 Salemi 猜想关于对角算子，双边移位算子，正规算子，具有完全不连通谱的亚正规、半正规算子以及几类特殊的亚正规、半正规算子成立的结论.

5.1　主对角算子的可估计分解

对于无穷维可分 Hilbert 空间$\mathcal{H}$，可以先考虑分解它的标准正交基，再达到分解空间的目的. 下面先考虑一类简单算子——对角算子.

这里使用 Berg[52] 给出的对角算子的定义.

定义 5.1.1　令 $T\in\mathcal{B}(\mathcal{H})$，被称为对角的，如果存在由 T 的特征向量构成的$\mathcal{H}$的标准正交基.

下面给出对角算子的可估计的分解.

定理 5.1.1　设 $T\in\mathcal{B}(\mathcal{H})$ 是对角算子，则对于 $\sigma(T)$ 存在 $\mathcal{H}$ 的一个可估计的分解.

证明　对于对角算子 T，存在 $\mathcal{H}$ 的一组正交基 $\{e_1, e_2, \cdots\}$. 在这组基下 T 有如下表示：

$$T:=\operatorname{diag}\{\alpha_1, \alpha_2, \alpha_3, \cdots\}.$$

对于任意有界算子，尤其是上述的对角算子 T，有 $\mathcal{W}(T)\subseteq\mathcal{W}(H)+\mathrm{i}\,\mathcal{W}(K)$，其中

$$H=\frac{T+T^*}{2},\ K=\frac{T-T^*}{2\mathrm{i}}$$

是 Hermitian 算子. 因此，可以在复平面 $\mathbb{C}$ 上选择一个包含 $\overline{\mathcal{W}(T)}$ 的紧的矩形区域 R_0，使用矩形区域的两邻边的垂直平分线来分解 R_0. 每个矩形每次被均等地分成四个全等的小矩形（见图 5.1.1）. 给出 $R_{ni}(i=1, 2, \cdots, 4^n)$ 的边界，右边和上边是开的，左边和下边是闭的，但是最上侧和最右侧的小矩形除外：最上侧的小矩形的上边、左边、下边是闭的，右边是开的；最右侧的小矩形的左边、下边、右边是闭的，上边是开的.

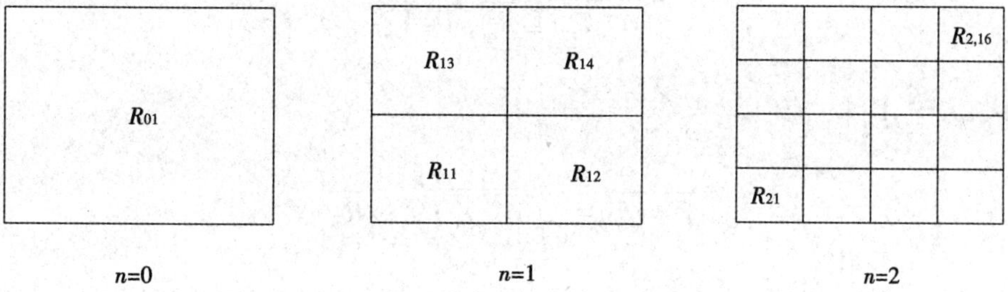

图 5.1.1　矩形区域 R_0 的分划序列

现在，观察如下矩形区域 R_0 的分划序列：

$$\{R_0=R_{n1}\cup R_{n2}\cup\cdots\cup R_{n4^n}\}_{n=0}^{\infty}. \tag{5.1.1}$$

对于第 n 次分划，定义一个子集合 $\Gamma_n\subseteq\mathbb{N}$ 如下：

$$\Gamma_n:=\{i:\ i\leqslant 4^n,\ R_{ni}\cap\sigma(T)\neq\varnothing\}.$$

记 $|\Gamma_n|$ 为集合 Γ_n 的势（基数）. 显然有 $|\Gamma_n|\leqslant 4^n$.

考虑完全分解

$$\{\mathcal{H}=\bigoplus_{i\in\Gamma_n}\mathcal{H}_i^n\}_{n=1}^{\infty},$$

其中，$\mathcal{H}_i^n(i\in\Gamma_n)$ 是由

$$\{\boldsymbol{e}_j: j\in\mathbb{N}, \boldsymbol{\alpha}_j\in R_{ni}\},$$

生成的子空间，其中$\{\boldsymbol{\alpha}_j, \boldsymbol{e}_j\}$是$T$的一对特征值和特征向量.

对于所有的$n\in\mathbb{N}$，有

$$T=\bigoplus_{i\in\Gamma_n} T_i^n,$$

其中

$$T_i^n := \operatorname{diag}\{\boldsymbol{\alpha}_j: j\in\mathbb{N}, \boldsymbol{\alpha}_j\in R_{ni}\}.$$

根据Γ_n的定义和

$$\overline{\mathcal{W}(T_i^n)}=\operatorname{co}(\overline{\{\boldsymbol{\alpha}_j: j\in\mathbb{N}, \boldsymbol{\alpha}_j\in R_{ni}\}}),$$

其中，$\operatorname{co}(x)$是x的凸包，可知

$$\overline{\mathcal{W}(T_i^n)}\subseteq\overline{R_{ni}}, i\in\Gamma_n.$$

令$n_k:=|\Gamma_n|$，有

$$\overline{\mathcal{W}^{n_k}(T)}=\bigcup_{i\in\Gamma_n}\overline{\mathcal{W}(T_i^n)}\subseteq\bigcup_{i\in\Gamma}\overline{R_{ni}}.$$

因此，对于所有的n，有

$$\boldsymbol{d}_H(\sigma(T), \overline{\mathcal{W}^{n_k}(T)})<s(\overline{R_{ni}}),$$

其中，$s(R)$为矩形R的对角线的长度. 易知

$$s(\overline{R_{ni}})=\frac{s(R_0)}{2^n},$$

因而当$n\to\infty$时，有$s(\overline{R_{ni}})\to 0$. 所以，对于任意$\varepsilon>0$，可以选择充分大的整数$N\in\mathbb{N}$，使得$n>N$时，有

$$\boldsymbol{d}_H(\sigma(T), \overline{\mathcal{W}^{n_k}(T)})<s(\overline{R_{ni}})<\varepsilon.$$

注(定理 5.1.1) 在定理 5.1.1 的证明中，不必要求包含数值域闭包的几何区域一定是矩形. 事实上，把矩形换成正方形也同样可以证明结论. 类似地，可以把矩形换

成等腰直角三角形，且每次都进行二等分，即每次将所有的等腰直角三角形都分解成两个全等的小等腰直角三角形.

注　应注意，通过定理 5.1.1 很容易证明文献[7]定理 2.6 中可估计分解的存在性.

下面的例子给出一类正规算子的可估计的分解，它的谱包含在自相交不闭合的曲线上. 特别地，谱包含在 Jordan 曲线上，如单位圆周的情形.

例 5.1.1　γ_{ab}为复平面$\mathbb{C}$上的一条曲线(见图 5.1.2). 则点集 γ_{ab}存在可数稠密子集$\{\alpha_1, \alpha_2, \cdots\}$. 令$\{e_1, e_2, \cdots\}$是$\mathcal{H}$的一组标准正交基，对于这组基，定义算子 $T \in \mathcal{B}(\mathcal{H})$ 为 $T := \operatorname{diag}\{\alpha_1, \alpha_2, \cdots\}$. 讨论它的完全分解.

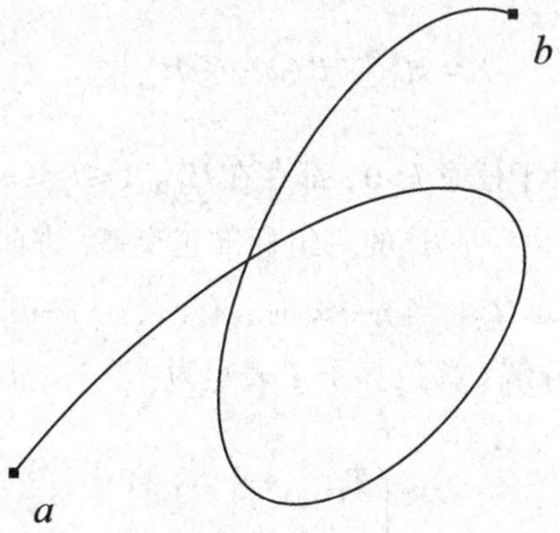

图 5.1.2　曲线 γ_{ab}

由于 $\sigma(T) = \overline{\{\alpha_1, \alpha_2, \cdots\}} = \gamma_{ab}$ 及 $\overline{W(T)} = \operatorname{co}(\overline{\{\alpha_1, \alpha_2, \cdots\}})$，利用定理 5.1.1 的证明方法，很容易验证该算子存在可估计的分解.

5.2　双边移位算子的可估计分解

移位算子是 Hilbert 空间上一类特殊而简单的线性算子. 通俗地讲，它是指将 Hilbert 空间中标准正交基的每一个基向量都向前(后)移动一个或若干个位置的算子. 移位算子分为单边移位算子和双边移位算子. 单边移位算子是次正规算子，双边移位算子是酉算子. 加权算子可以很自然地推广到加权移位算子. 有关移位算子(单边和双边)和加权移位算子的谱以及相关的性质可见文献[26].

对于无穷维可分 Hilbert 空间上单边移位算子，由于它的谱和数值域的闭包都是闭单位圆盘，故它的所有完全分解都是可估计的. A. Salemi[7] 给出，对于任意上述空间，都存在一个有界线性算子和对给定的标准正交基的两个完全分解，其中一个是可估计的，另一个不是可估计的. 众所周知，对于无穷维可分 Hilbert 空间上的双边移位算子，其谱是闭的单位圆周，而数值域的闭包是闭单位圆盘. 在 Hilbert 空间中有一组标准正交基，这组基的任何一个完全分解都不是可估计的. 具体见定理 5. 2. 1.

定理 5. 2. 1 令 $\boldsymbol{B}:=\{e_0, e_{\pm1}, e_{\pm2}, \cdots\}$是$\mathcal{H}$的一组标准正交基，$T$是$\mathcal{H}$上的双边移位算子，满足 $Te_i=e_{i+1}(i=0, \pm1, \pm2, \cdots)$，则在这组基 B 下，对于$\sigma(T)$不存在$\mathcal{H}$的可估计的分解.

证明 对于上述$\mathcal{H}$上的双边移位算子 T，有

$$\sigma(T)=\mathbb{T},\ \overline{\mathcal{W}(T)}=\overline{\mathbb{D}}.$$

考虑关于基 $\boldsymbol{B}$ 的任意一个完全分解

$$\{\mathcal{H}=\mathcal{H}_1^k\oplus\mathcal{H}_2^k\oplus\cdots\oplus\mathcal{H}_{n_k}^k\}_{k=1}^{\infty}.$$

由$\mathcal{H}$是无穷维可知，对于任意 $k>0$，都存在$\mathcal{H}_{l_k}^k$，$1\leqslant l_k\leqslant n_k$，使得 $\dim(\mathcal{H}_{l_k}^k)=\infty$. 不失一般性，令$\{e_1^{l_k}, e_2^{l_k}, e_3^{l_k}, \cdots\}$是$\mathcal{H}_{l_k}^k$的一组标准正交基. 进而，有$\mathcal{H}_{l_k}^k$中序列$\{e_n^{l_k}\}_{n=1}^{\infty}$弱收敛到 0，即对于任意的 $x\in\mathcal{H}_{l_k}^k$，当 $n\to\infty$ 时，有$(x, e_n^{l_k})\to0$.

对于上述任意给定的分解，移位算子 T 表示为

$$T:=\begin{pmatrix} T_{11} & \cdots & T_{1n_k} \\ \vdots & & \vdots \\ T_{n_k1} & \cdots & T_{n_kn_k} \end{pmatrix}.$$

当 $i=1, \cdots, l_{k-1}, l_{k+1}, \cdots, n_k$ 时，取 $x\in\mathcal{H}_{l_k}^k$，使得 $\|x_i\|=1$；当 $i=l_k$ 时，取 $x_{l_k}:=e_j^{l_k}$，$j\in\mathbb{N}$.

易知 $x:=(x_1, \cdots, x_{l_k}, \cdots, x_{n_k})\in S^{n_k}$，进而有

$$T_x:=\begin{pmatrix} (T_{11}x_1, x_1) & \cdots & (T_{1l_k}x_{l_k}, x_1) & \cdots & (T_{1n_k}x_{n_k}, x_1) \\ \vdots & & \vdots & & \vdots \\ (T_{l_k1}x_1, x_{l_k}) & \cdots & (T_{l_kl_k}x_{l_k}, x_{l_k}) & \cdots & (T_{l_kn_k}x_{n_k}, x_{l_k}) \\ \vdots & & \vdots & & \vdots \\ (T_{n_k1}x_1, x_{n_k}) & \cdots & (T_{n_kl_k}x_{l_k}, x_{n_k}) & \cdots & (T_{n_kn_k}x_{n_k}, x_{n_k}) \end{pmatrix}$$

$$
=\begin{pmatrix}
(T_{11}x_1, x_1) & \cdots & (T_{1l_k}e_j^{l_k}, x_1) & \cdots & (T_{1n_k}x_{n_k}, x_1) \\
\vdots & & \vdots & & \vdots \\
(T_{l_k1}x_1, e_j^{l_k}) & \cdots & (T_{l_kl_k}e_j^{l_k}, e_j^{l_k}) & \cdots & (T_{l_kn_k}x_{n_k}, e_j^{l_k}) \\
\vdots & & \vdots & & \vdots \\
(T_{n_k1}x_1, x_{n_k}) & \cdots & (T_{n_kl_k}e_j^{l_k}, x_{n_k}) & \cdots & (T_{n_kn_k}x_{n_k}, x_{n_k})
\end{pmatrix}.
$$

下面观察上述矩阵的第 l_k 行元素.

当 $i=1, \cdots, l_{k-1}, l_{k+1}, \cdots, n_k$ 时，因为 $T_{l_ki}x_i \in \mathcal{H}_{l_k}^k$，又由 $\{e_n^{l_k}\}_{n=1}^{\infty}$ 的弱收敛性可知，

$$
(T_{l_ki}x_i, e_j^{l_k}) := \varepsilon_j^i \to 0 (j\to\infty);
$$

当 $i=l_k$ 时，有

$$
(T_{l_kl_k}e_j^{l_k}, e_j^{l_k}) = (e_{j+1}^{l_k}, e_j^{l_k}) = 0.
$$

进而

$$
T_x := \begin{pmatrix}
(T_{11}x_1, x_1) & \cdots & (T_{1l_k}e_j^{l_k}, x_1) & \cdots & (T_{1n_k}x_{n_k}, x_1) \\
\vdots & & \vdots & & \vdots \\
\varepsilon_j^1 & \cdots & 0 & \cdots & \varepsilon_j^{n_k} \\
\vdots & & \vdots & & \vdots \\
(T_{n_k1}x_1, x_{n_k}) & \cdots & (T_{n_kl_k}e_j^{l_k}, x_{n_k}) & \cdots & (T_{n_kn_k}x_{n_k}, x_{n_k})
\end{pmatrix}.
$$

因此，可得

$$
0 \in \overline{\bigcup_{x\in S^{n_k}} \sigma(T_x)}.
$$

进而，对于任意 $k\in\mathbb{N}$，有 $0\in\overline{\mathcal{W}^{n_k}(T)}$，即

$$
0 \in \bigcap_{k=1}^{\infty} \overline{\mathcal{W}^{n_k}(T)}.
$$

所以，由 $\sigma(T)=\mathbb{T}$ 可知，对于任意 $k\in\mathbb{N}$，有

$$
\boldsymbol{d}_H(\sigma(T), \overline{\mathcal{W}^{n_k}(T)}) \geq 1.
$$

5.3 正规算子的可估计分解

通常，若算子 A, $B\in\mathcal{B}(\mathcal{H})$，则它们的换位子被记为 $[A, B]:=AB-BA$. 特别地，换位子 $[A^*, A]:=A^*A-AA^*$ 被称为 A 的自换位子. 众所周知，算子 $N\in\mathcal{B}(\mathcal{H})$ 被称为正规的，若 N 与 N^* 可交换. 等价地，N 是正规的，若它的自换位子 $[N^*, N]=0$. 正规性一般意义的推广如下：一个算子 $T\in\mathcal{B}(\mathcal{H})$ 被称为半正规的，当它的自换位子 $D:=[T^*, T]$ 是半定的. 当 $D\geqslant 0$ 时，算子 T 被称为亚正规算子；当 $D\leqslant 0$ 时，算子 T 被称为协亚正规算子. 显然，亚正规算子类的共轭算子是协亚正规算子类.

定理 5.2.1 表明，关于给定的标准正交基的 Hilbert 空间的任意完全分解都不是可估计的. 但是，可以考虑其他组的标准正交基，又因为任意两组标准正交基都是酉等价的，所以我们将在近似酉等价于给定正交基的标准正交基下，讨论正规算子的可估计的分解的存在性.

下面先给出近似酉等价定义及其相应的性质.

定义 5.3.1 算子 T, $S\in\mathcal{B}(\mathcal{H})$ 是近似酉等价的，如果存在酉算子列 $(U_n)_{n\geqslant 1}$ 使得

$$\lim_{n\to\infty}\|U_nSU_n^*-T\|=0.$$

引理 5.3.1 令 T, $S\in\mathcal{B}(\mathcal{H})$ 是近似酉等价的，则 $\overline{\mathcal{W}(T)}=\overline{\mathcal{W}(S)}$.

现在，在近似酉等价的条件下，给出正规算子可估计的分解.

定理 5.3.1 令 $T\in\mathcal{B}(\mathcal{H})$ 是正规算子，则在近似酉相似条件下，对于 $\sigma(T)$ 存在 $\mathcal{H}$ 的一个可估计的分解.

证明 对于任意正规算子 T，由 Weyl-von Neumann-Berg 定理可知，存在一个对角正规算子 D，使得 T 和 D 是近似酉等价且 $\sigma(T)=\sigma(D)$，$\overline{\mathcal{W}(T)}=\overline{\mathcal{W}(D)}$.

由定理 5.1.1 可知，结论得证.

定理 5.3.1 表明，在近似酉等价的条件下，正规算子存在可估计的分解. 但在近似酉等价的条件下，正规算子实际上是退化为对角算子的，正规算子的问题并没有真正地解决. 现在，利用谱测度，直接给出了正规算子可估计的分解.

首先，介绍谱测度. 这里采用 Laursen 和 Neumann 在文献[55]中给出的定义.

定义 5.3.2 从复平面 $\mathbb{C}$ 上所有 Borel 子集构成的 σ-代数 $\mathfrak{B}$ 到 $B(\mathcal{H})$ 的映射 E 被称为 $\mathfrak{B}$ 上的谱测度，如果下列条件成立：

(1) $E(\varnothing)=0$，$E(\mathbb{C})=I$；

(2) $E(A\cap B)=E(A)E(B)$，$\forall A, B\in\mathfrak{B}$；

(3) $E(\bigcup_{n=1}^{\infty}B_n)x=\sum_{n=1}^{\infty}E(B_n)x$，对于每一个可数的互不相交的 Borel 集族 $B_n\in\mathfrak{B}$ 和

任意 $x\in\mathcal{H}$.

再回顾投影和正交投影的定义.

定义 5.3.3 算子 $P\in\mathcal{B}(\mathcal{H})$ 被称为投影(幂等), 若 $P^2=P$; 若再加上条件 $P^*=P$, 则 P 被称为正交投影.

注(定义 5.3.3) 应注意投影算子的值域总是闭的, 且 P 作用到它的值域上相当于单位算子. 因为我们经常使用到的是正交投影算子, 所以今后不加特殊说明, 投影算子一般指正交投影算子. 易知, 谱测度的值是 Hilbert 空间$\mathcal{H}$上的互相可交换的线性连续投影算子.

由有限维的 Hilbert 空间$\mathcal{H}$上正规算子 T 的谱定理可知, T 可以被对角化. 也就是说, 令 λ_1, …, λ_n 是 T 的不同的特征值, E_k 是$\mathcal{H}$到 $\ker(T-\lambda_k)(1\leqslant k\leqslant n)$上的正交投影, 则谱定理就是 $T=\sum_{k=1}^{n}\lambda_k E_k$ 引进谱测度, 正规算子的谱定理一般形式如下.

引理 5.3.2 谱定理 如果 $T\in\mathcal{B}(\mathcal{H})$是正规算子, 则存在 $\sigma(T)$的 Borel 子集上的唯一的谱测度 E, 使得

(1) $T=\int z\mathrm{d}E(z)$;

(2)若 G 是 $\sigma(T)$的非空相对开子集, 则 $E(G)\neq 0$;

(3)若 $A\in\mathcal{B}(\mathcal{H})$, 则 $AT=TA$ 和 $AT^*=T^*A$ 成立, 当且仅当 $AE(\delta)=E(\delta)A$, $\forall\delta$.

注(引理 5.3.2) 由上述谱定理中得到的唯一谱测度称为 T 的谱测度. 简而言之, 正规算子的谱定理 $T=\int z\mathrm{d}E(z)$是 T 的谱分解.

在证明正规算子存在可估计的分解过程中, 需要用到次正规算子的定义和数值域的相关性质.

定义 5.3.4 算子 $T\in\mathcal{B}(\mathcal{H})$称为次正规算子, 如果存在一个包含$\mathcal{H}$的 Hilbert 空间$\mathcal{K}$和$\mathcal{K}$上的正规算子 N, 使得 $N\mathcal{H}\subseteq\mathcal{H}$和 $T=N|_{\mathcal{H}}$.

注(定义 5.3.4) 换句话说, 一个算子是次正规算子, 如果它有一个正规扩张. 易知, 前面提到的单边移位算子就是次正规算子. 事实上, 双边移位算子就是它的一个正规扩张.

引理 5.3.3 每一个次正规算子都是凸型的, 即等式$\overline{W(T)}=\mathrm{co}(\sigma(T))$对任意次正规算子 $T\in\mathcal{B}(\mathcal{H})$都成立.

下面给出正规算子的可估计的分解.

定理 5.3.2 令 $T\in\mathcal{B}(\mathcal{H})$是正规算子, 则对 $\sigma(T)$存在$\mathcal{H}$的一个可估计的分解.

证明 证明的主要思路与定理 5.1.1 类似. 观察形如式(5.2.1)的矩形区域 R_0 的分划序列:

$$\{R_0=R_{n1}\cup R_{n2}\cup\cdots\cup R_{n4^n}\}_{n=0}^{\infty}. \tag{5.3.1}$$

对于第 n 次分划，定义集合 $\Gamma_n \subseteq \mathbb{N}$ 如下：

$$\Gamma_n := \{i : i \leqslant 4^n,\ R_{ni} \cap \sigma(T) \neq \varnothing\}.$$

记 $|\Gamma_n|$ 为集合 Γ_n 的势（基数），显然有 $|\Gamma_n| \leqslant 4^n$. 因此，可以断言

$$\mathcal{H} = \bigoplus_{i \in \Gamma_n} E(R_{ni})\mathcal{H}, \tag{5.3.2}$$

其中，E 是正规算子 T 的谱测度. 事实上，由谱测度的定义可知

$$\mathcal{H} = E(\sigma(T))\mathcal{H} = \sum_{i \in \Gamma_n} E(R_{ni})\mathcal{H}.$$

进而直接应用文献[56]的定理 X. 2. 1，可知

$$E(\delta) = E(\delta)^*,\ \forall \delta \in \mathfrak{B}.$$

此外，上述投影算子 $E(\delta)$ 的值域是闭的（见文献[58]的定理 IV. 12. 1）. 因此，对于任意 $\delta \in \mathfrak{B}$，$E(\delta)\mathcal{H}$都是 T 的闭的不变子空间.

现在，考虑上述（完全）空间分解列式(5. 3. 2). 对于任意 $n \in \mathbb{N}$，有

$$T = \bigoplus_{i \in \Gamma_n} T_i^n,$$

其中

$$T_i^n := T|_{E(R_{ni})\mathcal{H}}.$$

对于 $i \in \Gamma_n$，显然 T_i^n 是次正规算子. 由 Γ_n 的定义和引理 5. 3. 3，可知

$$\overline{\mathcal{W}(T_i^n)} = co(\sigma(T_i^n)) \subseteq \overline{R_{ni}},\ \forall i \in \Gamma_n.$$

令 $n_k := |\Gamma_n|$，有

$$\overline{\mathcal{W}^{n_k}(T)} = \bigcup_{i \in \Gamma_n} \overline{\mathcal{W}(T_i^n)} \subseteq \bigcup_{i \in \Gamma_n} \overline{R_{ni}}.$$

因此，对于给定的 n，有

$$\boldsymbol{d}_H(\sigma(T), \overline{\mathcal{W}^{n_k}(T)}) < s(\overline{R_{ni}}),$$

其中，记 $s(R)$ 为矩形 R 的对角线的长度. 易知 $s(\overline{R_{ni}})=\dfrac{s(R_0)}{2^n}$，因而

$$s(\overline{R_{ni}})\to 0(n\to\infty).$$

所以，对于任意 $\varepsilon>0$，可以选择充分大的整数 $N\in\mathbb{N}$，使得当 $n>N$ 时，有

$$\boldsymbol{d}_H(\sigma(T),\overline{\mathcal{W}^{n_k}(T)})<s(\overline{R_{ni}})<\varepsilon.$$

5.4　亚正规算子的可估计分解

本节将 Salemi 猜想推广到一类特殊的亚正规算子情形.

定义 5.4.1　算子 $T\in\mathcal{B}(\mathcal{H})$ 称为亚正规算子，如果 $T^*T\geqslant TT^*$.

引理 5.4.1　每一个亚正规算子都是凸型的，即等式 $\overline{\mathcal{W}(T)}=co(\sigma(T))$ 对于任意亚正规算子 $T\in\mathcal{B}(\mathcal{H})$ 都成立.

5.4.1　具有完全不连通谱的亚正规算子

定理 5.3.2 可以推广到一类具有完全不连通谱的亚正规算子. 由拓扑理论可知，一个拓扑空间被称为完全不连通的，如果它的任一连通子集都不包含多于一个的点. 完全不连通的紧 Hausdorff 空间的紧开子集构成它的拓扑基. 下面将研究这类亚正规算子的 n 次数值域和可估计的分解.

定理 5.4.1　令 $T\in\mathcal{B}(\mathcal{H})$ 是具有完全不连通谱的亚正规算子，则对于 $\sigma(T)$ 存在 $\mathcal{B}$ 的一个可估计的分解.

证明　考虑如式(5.2.1)所定义的分划序列

$$\{R_0=R_{n1}\cup R_{n2}\cup\cdots\cup R_{n4^n}\}_{n=0}^{\infty}.$$

对于第 n 分解，定义一个子集合 $\Gamma_n\subseteq\mathbb{N}$，即

$$\Gamma_n:=\{i:i\leqslant 4^n,R_{ni}\cap\sigma(T)\neq\varnothing\}.$$

记 $|\Gamma_n|$ 为集合 Γ_n 的势(基数)，显然有 $|\Gamma_n|\leqslant 4^n$.

对于任意 $n\in\mathbb{N}$，令 σ_{ni} 是与 $R_{ni}(i\in\Gamma_n)$ 有相同中心的开矩形，但它对角线的长度为

$$s(\overline{R_{ni}})+\frac{\delta}{2^n},$$

其中，记 $s(R)$ 为矩形 R 的对角线的长度，δ 为任意给定的常数. 显然，有

$$s(\overline{\sigma_{ni}})=\frac{s(R_0)+n\delta}{2^n}.$$

因此，利用上述拓扑结果再通过一个简单的紧性论证，导出完全不连通 $\sigma(T)$ 的一列互不相交的既闭又开的子集列 $\{\hat{\sigma}_{ni}: i\in\Gamma_n\}$，使得

$$\hat{\sigma}_{ni}\subseteq\sigma_{ni},\ \sigma(T)=\bigcup_{i\in\Gamma_n}\hat{\sigma}_{ni}.$$

对于 $i\in\Gamma_n$，选取 σ_{ni} 中的包含 $\hat{\sigma}_{ni}$ 的周线 Γ_{ni}，使得 P_{ni} 是 T 关于 $\hat{\sigma}_{ni}$ 的 Riesz 投影(见文献[60]，II. 2)，即

$$P_{ni}:=\frac{1}{2\pi\mathrm{j}}\int_{\Gamma_{ni}}(\lambda-T)^{-1}\mathrm{d}\lambda,$$

其中，j 为虚数单位. 因此，由 Riesz 投影的性质，有

$$\mathcal{B}=\bigoplus_{i\in\Gamma_n}P_{ni}\mathcal{H}.$$

现在，考虑上述的空间分解. 对所有的 $n\in\mathbb{N}$，有

$$T=\bigoplus_{i\in\Gamma_n}T_i^n,$$

其中

$$T_i^n:=T|_{P_{ni}\mathcal{H}},\ i\in\Gamma_n.$$

易知 T_i^n 也是亚正规算子. 由 Γ_n 的定义和引理 5. 4. 1 可得

$$\overline{\mathcal{W}(T_i^n)}=\mathrm{co}(\sigma(T_i^n))\subseteq\overline{\sigma_{ni}},\ i\in\Gamma_n.$$

令 $n_k:=|\Gamma_n|$，有

$$\overline{\mathcal{W}^{n_k}(T)}=\bigcup_{i\in\Gamma_n}\overline{\mathcal{W}(T_i^n)}\subseteq\bigcup_{i\in\Gamma_n}\overline{\sigma_{ni}}.$$

因此，对给定的 n，有

$$\boldsymbol{d}_H(\sigma(T),\ \overline{\mathcal{W}^{n_k}(T)})<s(\overline{\sigma_{ni}}).$$

由于

$$s(\overline{\sigma_{ni}})\rightarrow 0(n\rightarrow\infty),$$

对于任意 $\varepsilon>0$，可以选择充分大的整数 $N\in\mathbb{N}$，使得当 $n>N$ 时，有

$$\boldsymbol{d}_H(\sigma(T),\ \overline{\mathcal{W}^{n_k}(T)})<s(\overline{\sigma_{ni}})<\varepsilon.$$

接下来的结论则是定理 5.4.1 中完全不连通谱是可数的特殊情形.

推论 5.4.1　令 $T\in\mathcal{B}(\mathcal{H})$ 是具有可数谱的亚正规算子，则对于 $\sigma(T)$ 存在 $\mathcal{H}$ 的一个可估计的分解. 特别地，对紧的正规算子(如紧自伴算子)，结论也成立.

定理 5.4.1 对所有代数的亚正规算子也成立，因为这类算子的谱是有限多个.

推论 5.4.2　令 $T\in\mathcal{B}(\mathcal{H})$ 是代数谱的亚正规算子，则对于 $\sigma(T)$ 存在 $\mathcal{B}$ 的一个可估计的分解.

5.4.2　一类特殊的亚正规算子(正规算子情形)

定理 5.3.2 的结果还可以涵盖一类特殊的谱的面积为零的亚正规算子. 事实上，C. R. Putnam 在文献[61]中给出：每一个具有(二维 Lebesgue)测度为零谱的亚正规算子都是正规算子. 显然，推论 5.4.1 和推论 5.4.2 的问题很容易归结到正规算子的情形. 但是，并不是所有的完全不连通集合都为(二维 Lebesgue)零测度. 所以，下面将讨论一类特殊的谱面积为零的亚正规算子.

引理 5.4.2　(Putnam 不等式的亚正规情形)　令 $T\in\mathcal{B}(\mathcal{H})$ 是亚正规算子，自换位子 $D:=T^*T-TT^*$，则

$$\pi\|D\|\leqslant\mu_2(\sigma(T)),$$

其中，μ_2 表示平面 Lebesgue 测度.

根据引理 5.4.2，很自然地有下面的定理.

定理 5.4.2　令 $T\in\mathcal{B}(\mathcal{H})$ 是亚正规算子，且 $\sigma(T)$ 的复平面 Lebesgue 测度为 0，则对 $\sigma(T)$ 存在 $\mathcal{H}$ 的一个可估计的分解.

下面的结果说明了一个重要的特殊情况. 在文献[62]中已经知道，如果 $T\in\mathcal{B}(\mathcal{H})$ 是亚正规的，且 T 的谱位于由有限个可求长的光滑弧线组成的 Jordan 曲线上(很可能是谱分离复平面的情形)，则 T 是正规的. 因此，这个问题很容易简化为只考虑正规算子. 紧集分离平面，即该紧集关于平面的补集是不连通的. 谱分离复平面，即正则点集

是不连通的.

推论 5.4.3 令 $T\in\mathcal{B}(\mathcal{H})$是亚正规算子，且 $\sigma(T)$位于由有限个的可求长的光滑弧线组成的 Jordan 曲线上(很可能是谱分离复平面的情形)，则对于 $\sigma(T)$存在$\mathcal{H}$的一个可估计的分解.

下面简要回顾一下紧算子谱的性质.

引理 5.4.3 令 $T\in\mathcal{B}(\mathcal{H})$是紧算子，下列情形有且仅有一个成立：

(1)$\sigma(T)=\{0\}$；

(2)$\sigma(T)=\{0, \lambda_1, \cdots, \lambda_n\}$，其中对于 $1\leqslant k\leqslant n$，$\lambda_k\neq 0$，每一个 λ_k 是 T 的特征值，且 $\dim\ker(T-\lambda_k)<\infty$；

(3)$\sigma(T)=\{0, \lambda_1, \lambda_2, \cdots\}$，其中对于每一个 $k\geqslant 1$，$\lambda_k\neq 0$，λ_k 是 T 的特征值，且 $\dim\ker(T-\lambda_k)<\infty$，$\lim\limits_{k\to\infty}\lambda_k=0$.

文献[63]给出，谱只有一个聚点的亚正规算子是正规算子. 根据紧算子谱的性质，紧的亚正规算子是正规的. 当亚正规算子的谱只有有限个聚点时，结论依然成立. 事实上，文献[28]给出，谱中只含有有限个聚点的亚正规算子是正规的. 实际上，它们都是谱面积为零的亚正规算子.

推论 5.4.4 令 $T\in\mathcal{B}(\mathcal{H})$是亚正规算子，且 $\sigma(T)$只有有限个聚点，则对于 $\sigma(T)$存在$\mathcal{H}$的一个可估计的分解.

接下来，再从代数角度讨论一类特殊的亚正规算子(退化为正规算子情形). 有关代数方面的定义及性质见文献[23, 26]. 记 K 为复平面$\mathbb{C}$上的紧子集，$\operatorname{int}\mathcal{K}$为$\mathcal{K}$的内部，记 $R(\mathcal{K})$为在$\mathcal{K}$上无极点的所有有理函数 $Rat(\mathcal{K})$的一致闭包. $C(\mathcal{K})$为在$\mathcal{K}$上的连续复值函数. 因而，$R(\mathcal{K})$是 $C(\mathcal{K})$的闭子代数. $P(\mathcal{K})$为 $C(\mathcal{K})$中所有多项式的闭包，$A(\mathcal{K})$为 $C(\mathcal{K})$中所有在 $\operatorname{int}\mathcal{K}$上的解析函数构成的代数. 对于上述代数，有关系式：

$$P(\mathcal{K})\subseteq R(\mathcal{K})\subseteq A(\mathcal{K})\subseteq C(\mathcal{K}),$$

当$\mathcal{K}$为实数域$\mathbb{R}$上的紧子集时，这些代数相等(见文献[26]，V. 1).

对于任何集合$\mathcal{X}$和函数 f: $\mathcal{X}\mapsto\mathbb{C}$，令

$$\|f\|_{\mathcal{X}}:=\sup\{|f(z)|: z\in\mathcal{X}\}.$$

下面给出谱集的定义.

定义 5.4.2 令 $T\in\mathcal{B}(\mathcal{H})$，$\mathcal{K}$是$\mathbb{C}$上的紧子集，则$\mathcal{K}$是 T 的一个谱集，如果对于每一个在$\mathcal{K}$上无极点的有理函数 f，都有

$$\sigma(T)\subseteq\mathcal{K},\ \|f(T)\|\leqslant\|f\|_{\mathcal{K}}$$

成立. 特别地, 如果 $\sigma(T)$ 是 T 的一个谱集, 称 T 是 von Neumann 算子.

注(定义 5.4.2)　文献[64]中介绍了谱集的概念以及一些性质. 特别地, 闭的单位圆盘 $\overline{\mathbb{D}}$ 是压缩算子的一个谱集. 每一个次正规算子都是 von Neumann 算子(见文献[26], 命题 II. 9. 2).

定义 5.4.3　令 $\mathcal{U}\subseteq\mathbb{C}$ 是非空、有界、开集. 集合 $S\subseteq\mathbb{C}$ 被称为在 $\mathcal{U}$ 中占优, 如果对于任意 $f\in P(\mathcal{U})$ 都有

$$\|f\|_{\mathcal{U}}:=\sup\{|f(z)|: z\in S\cap\mathcal{U}\}.$$

定义 5.4.4　紧子集 $\mathcal{K}\subseteq\mathbb{C}$ 被称为厚的, 如果存在一个非空、有界、开集 $\mathcal{U}\subseteq\mathbb{C}$ 使得 $\mathcal{K}$ 是在 $\mathcal{U}$ 中占优.

引理 5.4.4　(见文献[26], 定理 II. 9. 9)若 $\mathcal{K}$ 是 T 的一个谱集且 $R(\mathcal{K})=C(\mathcal{K})$, 则 T 是正规算子.

根据上面的引理 5.4.4, 很自然地推出下面的结论.

定理 5.4.3　令 $T\in\mathcal{B}(\mathcal{H})$ 是次正规算子, 若 $\mathcal{K}$ 是 T 的一个谱集且 $R(\mathcal{K})=C(\mathcal{K})$, 则对于 $\sigma(T)$ 存在 $\mathcal{H}$ 的一个可估计的分解.

推论 5.4.5　令 $T\in\mathcal{B}(\mathcal{H})$ 是次正规算子, 若 $R(\sigma(T))=C(\sigma(T))$, 则对于 $\sigma(T)$, 存在 $\mathcal{H}$ 的一个可估计的分解.

如果 $\mathbb{C}$ 上的紧子集 $\mathcal{K}$ 不是厚的, 那么 K 上的每个连续复值函数都可以用在 $\mathcal{K}$ 上无极点的有理函数序列一致逼近. 这个结果出自文献[30]定理 3 中, 并且在很大程度上依赖函数代数理论的结果.

引理 5.4.5　令 $\mathcal{K}\subseteq\mathbb{C}$ 是紧的, 若它不是厚的, 则 $R(\mathcal{K})=C(\mathcal{K})$.

定理 5.4.4　令 $T\in\mathcal{B}(\mathcal{H})$ 是 von Neumann 算子, 若 $\sigma(T)$ 不是厚的, 则对于 $\sigma(T)$, 存在 $\mathcal{H}$ 的一个可估计的分解.

从谱的平面 Lebesgue 测度角度也可以刻画 $R(\mathcal{K})$ 和 $C(\mathcal{K})$ 之间的关系.

引理 5.4.6　Hartogs-Rosenthal 定理　令 $\mathcal{K}\subseteq\mathbb{C}$ 是紧的, 若 $\mu_2(\sigma(T))=0$, 其中 μ_2 表示平面 Lebesgue 测度, 则 $R(\mathcal{K})=C(\mathcal{K})$(见文献[26], 定理 V. 3. 6).

由上面的引理 5.4.6 很自然地推出下面的结论.

定理 5.4.5　$T\in\mathcal{B}(\mathcal{H})$ 是 von Neumann 算子, 若 $\mu_2(\sigma(T))=0$, 其中 μ_2 表示平面 Lebesgue 测度, 则对于 $\sigma(T)$, 存在 $\mathcal{H}$ 的一个可估计的分解.

5.5 半正规算子的可估计分解

根据半正规算子的定义, 5.4 节中定理 5.4.1 的结论可以推广到半正规算子的情形.

5.5.1 具有完全不连通谱的半正规算子

一个拓扑空间被称为完全不连通的, 如果它的任一连通子集都不包含多于一个的点. 完全不连通的紧 Hausdorff 空间的紧开子集构成其拓扑基(见文献[59], 附录 A.7). 下面将研究具有完全不连通谱的半正规算子的 n 次数值域和可估计的分解.

引理 5.5.1 每一个半正规算子都是凸型的, 即等式$\overline{\mathcal{W}(T)}=\mathrm{co}(\sigma(T))$对于任意半正规算子 $T\in\mathcal{B}(\mathcal{H})$都成立.

注(引理 5.5.1) 亚正规算子限制到它的不变子空间上仍是亚正规算子, 而此结论对于协亚正规算子的情形却不成立. 例如, 酉算子限制到其不变子空间上可以是等距非正规算子, 因此不是协亚正规算子. 但是, 对于半正规算子, 结论是成立的.

下面给出具有完全不连通谱的半正规算子的可估计的分解.

定理 5.5.1 令 $T\in\mathcal{B}(\mathcal{H})$是具有完全不连通谱的半正规算子, 则对于 $\sigma(T)$, 存在$\mathcal{H}$的一个可估计的分解.

证明 定理 5.5.1 的证明过程类似定理 5.4.1 的证明过程.

接下来的结论是定理 5.5.1 中完全不连通谱是可数的特殊情形.

推论 5.5.1 令 $T\in\mathcal{B}(\mathcal{H})$是具有可数谱的半正规算子, 则对于 $\sigma(T)$, 存在$\mathcal{H}$的一个可估计的分解. 特别地, 对紧的半正规算子(如紧自伴算子), 结论也成立.

定理 5.5.1 对所有代数的半正规算子也成立, 因为这类算子的谱是有限多个.

推论 5.5.2 令 $T\in\mathcal{B}(\mathcal{H})$是代数的半正规算子, 则对于 $\sigma(T)$, 存在$\mathcal{H}$的一个可估计的分解.

5.5.2 一类特殊的半正规算子(正规算子情形)

C.R.Putnam 在文献[61]中给出: 每一个谱的(二维 Lebesgue)测度为零的亚正规算子都是正规算子. 而 K.Clancey 推广了这一结论, 并在文献[33]中给出: 要每一个谱的(二维 Lebesgue)测度为零的半正规算子都是正规算子. 定理 5.3.2 的结果还可以涵盖一类特殊的谱的面积为零的半正规算子. 显然, 推论 5.5.1 和推论 5.5.2 的问题很容易归结为正规算子的情形. 但是, 并不是所有的完全不连通集合都为(二维 Lebesgue)零测度. 所以, 将讨论一类特殊的谱面积为零的半正规算子.

引理 5.5.2　Putnam 不等式　令 $T\in\mathcal{B}(\mathcal{H})$ 是半正规算子，自换位子 $D:=T^*T-TT^*$，则

$$\pi\|D\|\leqslant\mu_2(\sigma(T)),$$

其中 μ_2 表示平面 Lebesgue 测度.

由上面的引理 5.5.2 很自然地推出下面的定理 5.5.2.

定理 5.5.2　令 $T\in\mathcal{B}(\mathcal{H})$ 是谱的二维 Lebesgue 测度为零的半正规算子，则对于 $\sigma(T)$，存在 $\mathcal{H}$ 的一个可估计的分解.

推论 5.5.3　令 $T\in\mathcal{B}(\mathcal{H})$ 是紧的半正规算子，则对于 $\sigma(T)$，存在 $\mathcal{H}$ 的一个可估计的分解.

推论 5.5.4　令 $T\in\mathcal{B}(\mathcal{H})$ 是半正规算子，且 $\sigma(T)$ 位于由有限个的可求长的光滑弧线组成的 Jordan 曲线上（很可能是谱分离复平面的情形），则对于 $\sigma(T)$，存在 $\mathcal{H}$ 的一个可估计的分解.

推论 5.5.5　令 $T\in\mathcal{B}(\mathcal{H})$ 是半正规算子，且它的谱 $\sigma(T)$ 位于单位圆周上，则对于 $\sigma(T)$，存在 $\mathcal{H}$ 的一个可估计的分解.

注（推论 5.5.5）　应注意，谱位于单位圆周上的半正规算子是酉算子.

引理 5.5.3　令 $T\in\mathcal{B}(\mathcal{H})$ 是半正规算子，且存在正整数 n 使得 T^n 是正规的，则 T 是正规算子.

由上面的引理 5.5.3，很自然地推出下面的定理 5.5.3.

定理 5.5.3　令 $T\in\mathcal{B}(\mathcal{H})$ 是一个半正规算子，且存在正整数 n 使得 T^n 是正规的，则对于 $\sigma(T)$，存在 $\mathcal{H}$ 的一个可估计的分解.

众所周知，对于有界算子 T 有 Cartesian 分解 $T=H+\mathrm{i}J$，若 HJ 是自伴的，则 T 是正规的，反之亦然. 同时，简单的例子表明：当 HJ 是正规的时，T 不一定是正规的. 然而，下面的说法是正确的.

引理 5.5.4　令 $T=H+\mathrm{i}J$ 是半正规的且假定 HJ 是正规的，则 T 是正规的.

由上面的引理 5.5.4，很自然地推出下面的定理 5.5.4.

定理 5.5.4　令 $T=H+\mathrm{i}J$ 是半正规的且假定 HJ 是正规的，则对于 $\sigma(T)$，存在 $\mathcal{H}$ 的一个可估计的分解.

5.6　拟幂零等价意义下分块算子矩阵的可估计分解

前文研究了 Salemi 猜想，即对于可分的无穷维 Hilbert 空间上任意有界线性算子 M，都存在一个可估计的分解，使得 $\sigma(M)=\bigcap\limits_{n=1}^{\infty}\overline{\mathcal{W}^n(M)}$，并解决了 Salemi 猜想关于对角算子、正规算子、具有完全不连通谱的亚正规算子、几类特殊的亚正规算子、具有完全不连通

谱的半正规算子和一类特殊的半正规算子成立的问题，给出了它们的可估计的分解.

本节通过研究无穷维可分 Hilbert 空间上有界线性算子的 n 次数值域，进一步解决 Salemi 猜想关于幂零算子和一类谱算子成立的问题，并在范数极限意义下，给出拟幂零算子的可估计的分解. 在拟幂零等价意义下解决 Salemi 猜想关于谱算子成立的问题.

5.6.1 拟幂零等价

令$\mathcal{H}$是一个 Hilbert 空间，$\mathcal{B}(\mathcal{H})$表示$\mathcal{H}$上的所有有界线性算子. $\mathcal{N}_k(\mathcal{H}):=\{T\in\mathcal{B}(\mathcal{H}): T^k=0, T^{k-1}\neq 0\}$表示所有 k 阶幂零算子的集合，其中 $k=1, 2, \cdots$. 拟幂零算子 $Q\in\mathcal{B}(\mathcal{H})$ 是指谱半径为零的算子，即 $r(Q):=\lim\limits_{n\to\infty}\|Q^n\|^{\frac{1}{n}}=0$.

下面，引用文献[65]中幂零算子的定义，有关拟幂零等价的更多性质可见文献[55] 3.4. 对于(不必可交换的)算子 $T_1, T_2\in\mathcal{B}(\mathcal{H})$，使用符号

$$(T_1-T_2)^{[n]}:=\sum_{k=0}^{n}(-1)^{n-k}\binom{n}{k}T_1^{n-k}T_2.$$

注 显然，这个符号的使用是合理的.因为$(T_1-T_2)^{[n]}$一般不是 T_1-T_2 的函数，只有当 T_1 和 T_2 可交换时，等式$(T_1-T_2)^{[n]}=(T_1-T_2)^n$ 才成立.

定义 5.6.1 (见文献[65]，定义 1.2.1) 令 $T_1, T_2\in\mathcal{B}(\mathcal{H})$，算子 T_1, T_2 被称为拟幂零等价的，如果

$$\lim_{n\to\infty}\|(T_1-T_2)^{[n]}\|^{\frac{1}{n}}=0,\ \lim_{n\to\infty}\|(T_2-T_1)^{[n]}\|^{\frac{1}{n}}=0.$$

注(定义 5.6.1) 拟幂零等价确实是一种等价关系. 进一步，可交换的算子 T_1 和 T_2 是拟幂零等价的，当且仅当 T_1-T_2 是拟幂零算子.

拟幂零等价保持算子的很多性质具体见下面命题 5.6.1.

命题 5.6.1 拟幂零等价的算子具有相同的局部谱、满谱、近似点谱和谱.

注(命题 5.6.1) 拟幂零等价的算子不仅保持相同的上述各种谱，还保持相同的(δ)性质、(β)性质、(C)性质、可分性质和单值扩张性.

5.6.2 幂零算子的可估计的分解

拟幂零等价的算子具有相同的谱，但是一般不具有相同的数值域. 事实上，文献[66]给出幂零算子 N 的数值域$\mathcal{W}(N)$都是以原点为中心的圆(或开或闭)，且半径不超过 $\|N\|\cos\dfrac{\pi}{k+1}$，其中 k 为幂零算子 N 的阶数. 而零算子与幂零算子是拟幂零等价的，但幂零算子的数值域一般不是$\{0\}$.

下面给出幂零算子的可估计的分解.

定理 5.6.1　令 $T\in\mathcal{N}_k(\mathcal{H})$，则对于 $\sigma(N)$，存在$\mathcal{H}$一个可估计的分解.

证明　$T\in\mathcal{N}_k(\mathcal{H})$，则在空间分解$\mathcal{H}:=\bigoplus_{i=1}^{k}\{\ker T^i\ominus\ker T^{i-1}\}$下，$T$ 有如下表示：

$$T:=\begin{pmatrix} 0 & T_{12} & T_{13} & \cdots & T_{1k} \\ 0 & 0 & T_{23} & \cdots & T_{2k} \\ \vdots & \vdots & \vdots & & \vdots \\ 0 & 0 & 0 & \cdots & T_{k-1k} \\ 0 & 0 & 0 & \cdots & 0 \end{pmatrix}.$$

考虑上述分解，则有

$$\overline{\mathcal{W}^k(T)}=\{0\}=\sigma(T).$$

定理 5.6.1 给出了幂零算子的可估计的分解，然而文献[69]给出，每一个拟幂零算子都是幂零算子的范数-极限. 因此，在极限意义下，可以给出拟幂零算子的可估计分解.

引理 5.6.1　对于任意拟幂零算子 $Q\in\mathcal{B}(\mathcal{H})$，都存在幂零算子列$(N_i)_{i=1}^{\infty}$，其中 $N_i\in\mathcal{N}_{i_k}(\mathcal{H})$，使得

$$\lim_{i\to\infty}\|Q-N_i\|=0.$$

定理 5.6.2　令 $T\in\mathcal{B}(\mathcal{H})$是拟幂零算子，在范数-极限意义下，对于 $\sigma(T)$，存在$\mathcal{H}$一个可估计的分解.

5.6.3　谱算子的可估计的分解

谱算子是 Dunford 于 20 世纪 50 年代引入的，是矩阵 Jordan 标准型在无穷维的推广. 有关谱算子的更多性质见文献[42].

定义 5.6.2　算子 $T\in\mathcal{B}(\mathcal{H})$被称为谱算子，如果存在$\mathfrak{B}$上的一个谱测度 E 满足 $E(B)T=TE(B)$和 $\sigma(T|_{E(B)\mathcal{H}})\subseteq\overline{B}$，$\forall B\in\mathfrak{B}$，其中$\mathfrak{B}$是复平面$\mathbb{C}$ 上所有 Borel 子集构成的 σ 代数.

注(定义 5.6.2)　由谱理论可知，Hilbert 空间上的所有正规算子都是谱算子.

接下来，给出一类特殊的谱算子可估计的分解.

定理 5.6.3　令 $T\in\mathcal{B}(\mathcal{H})$是半正规的谱算子，则对于 $\sigma(T)$，存在$\mathcal{H}$的一个可估计的分解.

证明　定理 5.6.3 的证明过程与定理 5.3.2 的证明过程类似.

事实上，对于任意谱算子 T，存在一个$\mathcal{B}$上的谱测度 E，使得

$$E(B)T=TE(B),\ \sigma(T|_{E(B)\mathcal{H}})\subseteq\overline{B},\ \forall B\in\mathfrak{B}.$$

此外，半正规算子限制到其闭的不变子空间上仍是半正规算子.

谱算子有如下唯一的标准分解.

引理 5.6.2 算子 $T\in\mathcal{B}(\mathcal{H})$是谱算子，当且仅当 $T=S+N$，其中 $S\in\mathcal{B}(\mathcal{H})$是标量算子，算子 $N\in\mathcal{B}(\mathcal{H})$是与 T 可交换的拟幂零算子.

下面回顾标量算子和拟幂零算子的定义.

定义 5.6.3 标量算子 $S\in\mathcal{B}(\mathcal{H})$，如果满足 $S=\int_{\mathbb{C}}\lambda\mathrm{d}E(\lambda)$，其中 E 为谱测度. 拟幂零算子 $N\in\mathcal{B}(\mathcal{H})$，如果 $\sigma(N)=\{0\}$.

引理 5.6.3 如果 S 和 N 是有界可交换算子，且 N 是拟幂零算子，则 $\sigma(S+N)=\sigma(S)$.

引理 5.6.4 令 S 是 Hilbert 空间上的标量算子，则存在一个有界的自伴算子 B，并且它有定义在全空间的逆 B^{-1}，使得 BSB^{-1}是正规算子.

下面给出在拟幂零等价意义下的谱算子可估计的分解.

定理 5.6.4 令 $S\in\mathcal{B}(\mathcal{H})$为谱算子，在拟幂零等价的意义下，对于 $\sigma(S)$，存在$\mathcal{H}$的一个可估计的分解.

对谱算子 T，由引理 5.6.2 和引理 5.6.3 可知，T 和 S 是拟幂零等价的，且 $\sigma(T)=\sigma(S)$，其中 S 是 T 的标量部分. 进而由引理 5.6.4 可知，存在一个具有有界逆的自伴算子 B，使得算子 BSB^{-1}是正规的，因此 $\sigma(T)=\sigma(S)=\sigma(BSB^{-1})$. 再由定理 5.3.2 可知，对于 $\sigma(S)$，存在$\mathcal{H}$的一个可估计的分解.

第 6 章　算子矩阵的 n 次数值域的数值逼近

在研究 Salemi 猜想的过程中，对于一般的有界线性算子，很难验证可估计分解的存在性，并且谱的数值逼近可能也不精准. 为进一步解决 Salemi 猜想，进而获得谱的相关信息，考虑利用投影法数值逼近分块算子矩阵的 n 次数值域. 数值逼近方法中有一类很重要的方法是投影法. 本章的投影法是把 Hilbert 空间投影到其有限维子空间上. 该方法也叫正交-Galerkin 法(简记⊥-Galerkin).

使用投影法来数值逼近自伴算子的谱时，会出现两个问题：第一，谱的每一点都能否以任意精度地逼近；第二，逼近过程中是否会产生额外的伪谱点. 通常，确保逼近所有的谱点比避免产生额外的伪谱点(有时称为“谱污染”)要容易得多.

2012 年，Muhammad 和 Marietta 在文献[13]中利用投影法逼近了(有限)分块算子矩阵的二次数值域. 对于二次数值域和数值域，避免产生伪谱点要比确保逼近所有的谱点容易. 在非常弱的条件下，投影法总是生成二次数值域的子集. 当要确保生成整个二次数值域时，只需增加一些额外的假定条件.

与二次数值域相比，考虑利用投影法逼近分块算子矩阵的 n 次数值域，并将问题简化为计算(有限)分块矩阵的 n 次数值域. n 次数值域的情形与二次数值域的情形类似，即在非常弱的条件下，投影法总是生成 n 次数值域的子集. 增加一些额外的条件就可以生成分块算子矩阵的整个 n 次数值域. 对于有界分块算子矩阵的情形，利用投影法来逼近分块算子矩阵的 n 次数值域，给出数值逼近的收敛条件. 对于无界分块算子矩阵情形，总是假定其主(次，或行元素)对角占优，利用投影法来逼近分块算子矩阵的 n 次数值域，给出数值逼近的收敛条件.

接下来从有界和无界两方面来讨论这个问题. 利用投影法逼近 n 次数值域，如图 6.1.1 所示.

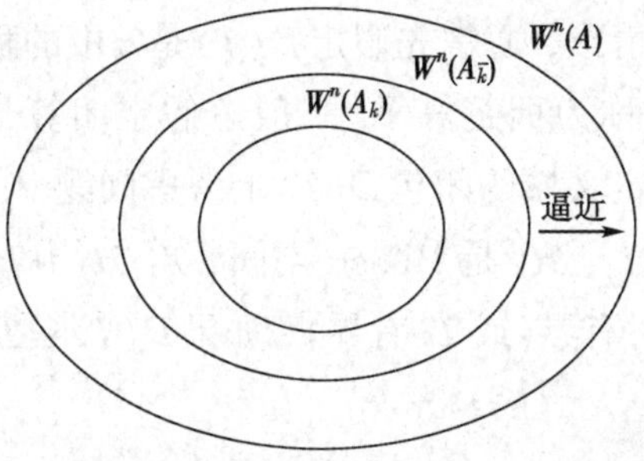

图 6.1.1　投影法逼近 n 次数值域示意图

6.1 有界算子矩阵的 n 次数值域的数值逼近

前面讨论的都是有界线性算子. 在数学物理学和分析学中出现的很多线性算子都不是有界的. 例如：量子力学中的 Schrödinger 算子$-\Delta+V(x)$，其中 Δ 是$\mathbb{R}^3$中的 Laplace 微分算子；$L^2(\Omega)$上的微分算子，其中 $\Omega\in\mathbb{R}^n$. 它们都是无界算子. 因此，有必要了解和掌握无界线性算子理论. 由于无界算子不存在算子范数，这促使我们从其他方向入手，从算子的图的角度来考察一类重要的无界算子——闭算子.

令$\mathcal{H}$是 Hilbert 空间，$\mathcal{L}(\mathcal{H})$表示从$\mathcal{H}$到$\mathcal{H}$的线性算子全体.

定义 6.1.1 线性算子 $T\in\mathcal{L}(\mathcal{H})$，且它的定义域为$\mathcal{D}(T)$，被称为闭算子，如果它的图$\mathcal{G}(T):=\{(x, Tx): x\in\mathcal{D}(T)\}$是乘积空间$\mathcal{H}\times\mathcal{H}$中的闭子空间；或称为可闭的，如果它的图的闭$\overline{\mathcal{G}(T)}$是一个线性算子的图，在这种情形下，具有$\overline{\mathcal{G}(T)}=\mathcal{G}(\overline{T})$性质的算子 $\overline{T}$ 被称为 T 的闭包.

注(定义 6.1.1) 从$\mathcal{D}(T)\subseteq\mathcal{H}$到$\mathcal{R}(T)\subseteq\mathcal{H}$的线性算子 T 是闭的，当且仅当下列命题成立：当 $x_n\in\mathcal{D}(T)$，$x_n\to x$，又 $Tx_n\to y$，则 $x\in\mathcal{D}(T)$，且 $y=Tx$.

定义 6.1.2 令 $T\in\mathcal{L}(\mathcal{H})$是闭算子，如果存在可闭算子 $S\in\mathcal{L}(\mathcal{H})$使得 $T=\overline{S}$，则其定义域$\mathcal{D}(S)$被称为 T 的柱心. (详见文献[71]Ⅲ. 5])

注(定义 6.1.2)a 为研究闭线性算子，可以引进图范数：

$$\|x\|_{\mathcal{G}}:=\|x\|+\|Tx\|,\ \forall x\in\mathcal{D}(T),$$

其中，$\|\cdot\|$ 表示$\mathcal{H}$空间上的范数.

易知，线性算子 T 是闭的，当且仅当$(\mathcal{D}(T), \|\cdot\|_{\mathcal{G}})$是 Banach 空间. 换句话说，线性算子 T 是闭的的充要条件是其定义域$\mathcal{D}(T)$在关于 T 的图范数 $\|\cdot\|_{\mathcal{G}}$意义下是完备的. 类似地，T 的柱心就是定义域$\mathcal{D}(T)$关于 T 的图范数 $\|\cdot\|_{\mathcal{G}}$意义下的稠密子集.

注(定义 6.1.2)b 注意到，有界线性算子 T 是闭的，当且仅当其定义域$\mathcal{D}(T)$是闭的；特别地，定义在全空间上的有界线性算子是闭的. 反过来，由闭图像定理可知，定义在全空间上的闭的线性算子是有界的(见文献[71]，定理Ⅲ. 5.20). 对于闭算子 T，主要讨论$\mathcal{D}(T)\neq\mathcal{H}$的情形，通常先假定$\mathcal{D}(T)$是$\mathcal{H}$中的稠密子集，即$\mathcal{D}(T)=\mathcal{H}$. 满足该条件的线性算子 T 被称为稠定算子. 一般总假定闭算子 T 是稠定算子，事实上，可以把空间$\mathcal{H}$缩小到 T 的定义域的闭包$\mathcal{D}(T)$上考虑问题.

定义 6.1.3 令$\mathcal{H}_1$，$\mathcal{H}_2$，$\mathcal{H}_3$ 是 Hilbert 空间，T：$\mathcal{H}_1\to\mathcal{H}_2$ 和 S：$\mathcal{H}_1\to\mathcal{H}_3$ 是线性算子，则 S 被称为关于 T 相对有界(或 T-有界)，如果$\mathcal{D}(T)\subseteq\mathcal{D}(S)$，且存在常数 a_S，$b_S\geqslant 0$，使得

$$\|Sx\| \leqslant a_S \|x\| + b_S \|Tx\|, \ x \in \mathcal{D}(T). \tag{6.1.1}$$

使得式(6.1.1)成立的 b_S 的下确界 δ_S 被称为 S 关于 T 的相对界(或 S 的 T-界).

注(定义6.1.3)　若 T 是闭算子, S 是可闭算子, 则$\mathcal{D}(T) \subseteq \mathcal{D}(S)$蕴含 S 是 T-有界(见文献[71]注 IV. 1.5). 特别地, 任意有界线性算子都是 T-有界的, 且关于 T 的相对界为0.

式(6.1.1)等价于 S: $(\mathcal{D}(T), \|\cdot\|_G) \to (\mathcal{H}, \|\cdot\|)$是有界的, 即 S 在$\mathcal{D}(T)$上关于 T 的图范数 $\|\cdot\|_G$意义下是有界线性算子.

对于 Hilbert 空间$\mathcal{H}$上的具有如下算子矩阵表示形式的无界线性算子

$$M := \begin{pmatrix} A_{11} & \cdots & A_{1n} \\ \vdots & & \vdots \\ A_{n1} & \cdots & A_{nn} \end{pmatrix}, \tag{6.1.2}$$

其中, A_{ij}: $\mathcal{H}_j \to \mathcal{H}_i$ 是稠定可闭算子, 定义域为$\mathcal{D}_{ij} \subseteq \mathcal{H}_j (i, j=1, \cdots, n)$. 通常假定 M具有自然定义域$\mathcal{D}(M) := \mathcal{D}_1 \oplus \cdots \oplus \mathcal{D}_n$, 其中$\mathcal{D}_j := \bigcap_{i=1}^{n} \mathcal{D}_{ij} \in \mathcal{H}_j (i, j=1, \cdots, n)$也是稠定的.

无界算子与有界算子不同, 在给定的空间分解$\mathcal{H} = \mathcal{H}_1 \oplus \cdots \oplus \mathcal{H}_n$ 下, 一般不具有类似式(6.1.2)的算子矩阵的表示形式.

定义6.1.4　为式(6.1.2)所定义的算子矩阵 M被称为

(1)对角占优, 若 A_{ij}是 A_{jj}-有界;

(2)次对角占优, 若 A_{ij}是 $A_{n+1-j,\, j}$-有界, 其中 $i, j=1, \cdots, n$.

有界线性算子的 n 次数值域(见文献[9]定义1.11.12)的定义很自然地推广到无界算子矩阵的情形. 令 M 是形如式(6.1.2)且具有稠定的定义域$\mathcal{D}(M)$.

定义6.1.5　令 $S^n = \{(x_1, \cdots, x_n)^t \in \mathcal{D}_1 \oplus \cdots \oplus \mathcal{D}_n: \|x_1\| = \cdots = \|x_n\| = 1\}$.

对于 $\boldsymbol{x} = (x_1, \cdots, x_n)^t \in S^n$, 定义 $n \times n$ 矩阵

$$M_x := \begin{pmatrix} (A_{11}x_1, x_1) & \cdots & (A_{1n}x_n, x_1) \\ \vdots & & \vdots \\ (A_{n1}x_1, x_n) & \cdots & (A_{nn}x_n, x_n) \end{pmatrix}, \tag{6.1.3}$$

则

$$\mathcal{W}^n(M) := \{\lambda \in \mathbb{C} : \lambda \in \sigma(M_x), \ \boldsymbol{x} \in S^n\}$$

是无界算子矩阵 M 的 n 次数值域, 其中 M 为形如式(6.1.2)的算子矩阵.

注(定义6.1.5)　与有界的情形类似. 对于上述的无界算子矩阵 M, 当 $n=1$ 时,

$\mathcal{W}^1(M)$就是M的通常的数值域；当$n=2$时，$\mathcal{W}^2(M)$就是M的二次数值域.

下面，给出无界算子矩阵M的n次数值域的一些重要性质.

命题 6.1.1 对于无界算子矩阵M，有

(1) $\sigma_p(M)\subseteq\mathcal{W}^n(M)$，其中$\sigma_p(M)$是$M$的点谱；

(2) $\mathcal{W}^n(M)\subseteq\mathcal{W}(M)$；

(3) $\mathcal{W}^{\hat{n}}(M)\subseteq\mathcal{W}^n(M)$，其中$\hat{\mathcal{D}}_1\oplus\cdots\oplus\hat{\mathcal{D}}_{\hat{n}}$是$\mathcal{D}_1\oplus\cdots\oplus\mathcal{D}_n$的空间分解的加细.

证明 命题 6.1.1 的证明过程类似于有界的情形(见文献[9])，如果令

$\boldsymbol{x}=(x_1,\ \cdots,\ x_n)^t\in S^n=\{(x_1,\ \cdots,\ x_n)^t\in\mathcal{D}_1\oplus\cdots\oplus\mathcal{D}_n:\ \|x_1\|=\cdots=\|x_n\|=1\}.$

对于有界算子，特别是当算子不是自伴或正规的，可估计的分解的存在性难以获得，谱的数值逼近变得不精准. 投影法是一类很重要的数值逼近方法，把 Hilbert 空间投影到其有限维子空间. 为了更好地刻画有界算子的n次数值域，考虑利用投影法计算有界算子矩阵的n次数值域$\mathcal{W}^n(M)$，将问题简化为计算(有限)分块矩阵的n次数值域.

定理 6.1.1 令

$$M:=\begin{pmatrix}A_{11} & \cdots & A_{1n}\\ \vdots & & \vdots\\ A_{n1} & \cdots & A_{nn}\end{pmatrix}$$

为$\mathcal{H}=\mathcal{H}_1\oplus\cdots\oplus\mathcal{H}_n$上的有界算子矩阵. 令$(U^i_{k_i})^{\infty}_{k_i=1}(i=1,\ \cdots,\ n)$分别是$\mathcal{H}_i$中的空间套族，其中$U^i_{k_i}:=\mathrm{Span}(\alpha^i_1,\ \cdots,\ \alpha^i_{k_i})$，且$(\alpha^i_k)^{\infty}_{k=1}\in\mathcal{H}_i$是标准的相互正交的序列. 令$\mathbb{N}_+:=\{1,\ 2,\ 3,\ \cdots\}$和多重指标$\boldsymbol{k}:=(k_1,\ \cdots,\ k_n)^t\in\mathbb{N}^n_+$. 考虑

$$\hat{M}_k:=\begin{pmatrix}A_{k_1\times k_1} & \cdots & A_{k_1\times k_n}\\ \vdots & & \vdots\\ A_{k_n\times k_1} & \cdots & A_{k_n\times k_n}\end{pmatrix},$$

其中

$$(A_{k_p\times k_q})_{st}=(A_{pq}\alpha^q_t,\ \alpha^p_s),$$

其中，$s=1,\ \cdots,\ k_p$；$t=1,\ \cdots,\ k_q$；$p,\ q=1,\ \cdots,\ n$.

则$\mathcal{W}^n(\hat{M}_k)\subseteq\mathcal{W}^n(M)$.

证明 令$\lambda\in\mathcal{W}^n(\hat{M}_k)$，则存在$\beta:=(\beta_1,\ \cdots,\ \beta_n)^t$，其中$\beta_i\in\mathbb{C}^{k_i}$，且$\|\beta_i\|=1$，$(i=1,\ \cdots,\ n)$，使得$\lambda$是如下矩阵的特征值：

$$(\hat{M}_k)_\beta := \begin{pmatrix} (A_{k_1\times k_1}\beta_1, \beta_1) & \cdots & (A_{k_1\times k_n}\beta_n, \beta_1) \\ \vdots & & \vdots \\ (A_{k_n\times k_1}\beta_1, \beta_n) & \cdots & (A_{k_n\times k_n}\beta_n, \beta_n) \end{pmatrix}. \tag{6.1.4}$$

定义等距映射 π_i: $U^i_{k_i} \to \mathbb{C}^{k_i}$ 如下:

$$\pi_i(\beta^i_1\alpha^i_1 + \cdots + \beta^i_{k_i}\alpha^i_{k_i}) := (\beta^i_1, \cdots, \beta^i_{k_i})^t := \beta_i,$$

其中, $i=1, \cdots, n$. 选取 $\boldsymbol{x}=(x_1, \cdots, x_n)^t$, 其中 $x_i \in U^i_{k_i}$, 使得

$$\pi_i(x_i)=\beta_i,\ \|x_i\|=1,\ i=1, \cdots, n.$$

通过简单计算, 可知 $(\hat{M}_k)_\beta = M_x$. 因此, $\lambda \in \mathcal{W}^n(M)$.

引理 6.1.1　单调性　令 $(U^i_{k_i})^\infty_{k_i=1}$ 和 $\hat{M}_k$ 具有如定理 6.1.1 所定义的形式. 假定 $\hat{k}$, $k \in \mathbb{N}^n_+$, 且 $\hat{k} \geqslant k$ ($\hat{k}_i \geqslant k_i$, $i=1, \cdots, n$), 则 $\mathcal{W}^n(\hat{M}_k) \subseteq \mathcal{W}^n(\hat{M}_{\hat{k}})$.

证明　这个结论是 $\mathbb{C}^{k_i}$ 是 $\mathbb{C}^{\hat{k}_i}$ 的一个子空间的直接结果, 其中 $\hat{k}_i \geqslant k_i$ ($i=1, \cdots, n$). 具体如下: 假定 $\hat{k}_i \geqslant k_i$ ($i=1, \cdots, n$), 且 $\lambda \in \mathcal{W}^n(\hat{M}_k)$, 则存在

$$\beta := (\beta_1, \cdots, \beta_n)^t,$$

其中, $\beta_i \in \mathbb{C}^{k_i}$, 且 $\|\beta_i\|=1$ ($i=1, \cdots, n$), 使得 λ 是形如式(6.1.4)的 $(\hat{M}_k)_\beta$ 一个特征值. 对于任意 $i=1, \cdots, n$, 选取

$$\hat{\beta}_i := (\beta^i_1, \cdots, \beta^i_{k_i}, 0, \cdots, 0)^t,$$

使得 $\hat{\beta}_i \in \mathbb{C}^{\hat{k}_i}$. 通过简单计算, 可知

$$\mathcal{W}^n\ (\hat{M}_k)_\beta = \mathcal{W}^n\ (\hat{M}_{\hat{k}})_{\hat{\beta}},$$

其中, $\hat{\beta}=(\hat{\beta}_1, \cdots, \hat{\beta}_n)^t$. 因此 $\lambda \in \mathcal{W}^n(\hat{M}_{\hat{k}})$.

由定理 6.1.1 和引理 6.1.1 可知, 对于有界算子 M 和 $\boldsymbol{k} := (k_1, \cdots, k_n) \in \mathbb{N}^n_+$, $\mathcal{W}^n(\hat{M}_k)$ 是随着 k 增加而增加的, 并且当 $k\to\infty$ 时, 它是收敛的, 那么很自然的问题就是在什么条件下, 它收敛到 $\mathcal{W}^n(M)$. 定理 6.1.2 给出了答案.

定理 6.1.2　令 M、$\hat{M}_k$ 和 $(U^i_{k_i})^\infty_{k_i=1}$ 具有如定理 6.1.1 所定义的形式, 假定 $(\alpha^i_k)^\infty_{k=1}$ ($i=1, \cdots, n$) 分别是 $\mathcal{H}_i$ 的标准正交基, 则

$$\overline{\bigcup_{k\in\mathbb{N}_+^n}\mathcal{W}^n(\hat{M}_k)}=\overline{\bigcup_{m^n\in\mathbb{N}_+^n}\mathcal{W}^n(\hat{M}_{m^n})}=\overline{\mathcal{W}^n(M)},$$

其中 $\boldsymbol{m}^n:=(m,\cdots,m)\in\mathbb{N}_+^n$.

证明　由引理 6.1.1 可知，

$$\bigcup_{k\in\mathbb{N}_+^n}\mathcal{W}^n(\hat{M}_k)\subseteq\bigcup_{m^n\in\mathbb{N}_+^n}\mathcal{W}^n(\hat{M}_{m^n}),$$

其中，$\boldsymbol{m}:=\max\{k_1,\cdots,k_n\}$. 对于反过来的包含关系，只需令$\boldsymbol{m}:=\min\{k_1,\cdots,k_n\}$即可. 因此，

$$\overline{\bigcup_{k\in\mathbb{N}_+^n}\mathcal{W}^n(\hat{M}_k)}=\overline{\bigcup_{m^n\in\mathbb{N}_+^n}\mathcal{W}^n(\hat{M}_{m^n})}.$$

接下来只需证明

$$\mathcal{W}^n(M)\subseteq\overline{\bigcup_{k\in\mathbb{N}_+^n}\mathcal{W}^n(\hat{M}_k)}.$$

令 $\lambda\in\mathcal{W}^n(M)$，则存在 $x\in S^n$，使得 λ 是如式(6.1.3)所定义的 $\hat{M}_x$ 的一个特征值. 因为$(\alpha_k^i)_{k=1}^{\infty}$分别是$\mathcal{H}_i(i=1,\cdots,n)$的一组标准正交基，则存在相应的序列$(x_k^i)_{k=1}^{\infty}$，其中存在 $k_i>0$ 满足

$$x_k^i\in\operatorname{Span}\{\alpha_1^i,\cdots,\alpha_{k_i}^i\},$$

使得

$$\|x^i-x_k^i\|\to0,\ \|A_{ji}x^i-A_{ji}x_k^i\|\to0,\ (k\to\infty),$$

其中，x^i 是向量 $\boldsymbol{x}$ 的第 i 个分量，$j=1,\cdots,n$. 令 $x_k=(x_k^1,\cdots,x_k^n)^t$，通过简单的计算，可得

$$\|\hat{M}_{x_k}-\hat{M}_x\|\to0(k\to\infty).$$

对于上述给定的 x_k，令 $\pi_i:U_{k_i}^i\to\mathbb{C}^{k_i}$是定理 6.1.1 证明中的等距映射. 取

$$\beta_i=\pi_i(x_k^i)/\|\pi_i(x_k^i)\|\ (i=1,\cdots,n)$$

显然，有 $\beta_i\in\mathbb{C}^{k_i}$，$\|\beta_i\|=1$.

考虑矩阵

$$\hat{\hat{M}}_k := \begin{pmatrix} (A_{k_1\times k_1}\beta_1, \beta_1) & \cdots & (A_{k_1\times k_n}\beta_n, \beta_1) \\ \vdots & & \vdots \\ (A_{k_n\times k_1}\beta_1, \beta_n) & \cdots & (A_{k_n\times k_n}\beta_n, \beta_n) \end{pmatrix}.$$

通过简单计算可知，$\hat{\hat{M}}_k = \hat{M}_{x_k}$. 又因为

$$\| \hat{M}_{x_k} - \hat{M}_x \| \to 0 (k\to\infty),$$

所以有

$$\| \hat{\hat{M}}_k - \hat{M}_x \| \to 0 (k\to\infty).$$

综上，$\hat{\hat{M}}_k$ 的特征值是 $\mathcal{W}^n(\hat{M}_k)$ 中的元素，其中 $\boldsymbol{k} := (k_1, \cdots, k_n) \in \mathbb{N}_+^n$. 因此，存在 $\lambda_k \in \mathcal{W}^n(A_k)$，使得 $\lambda_k \to \lambda (k\to\infty)$. 由引理 6.1.1 可知，

$$\lambda \in \overline{\bigcup_{k\in\mathbb{N}_+^n} \mathcal{W}^n(\hat{M}_k)}.$$

注(定理 6.1.2)　结合前面已经给出的算子(如正规算子)的可估计的分解，可以近似计算它的 n 次数值域，进而估计谱.

6.2　无界算子矩阵的 *n* 次数值域的数值逼近

在数学物理学、弹性力学、流体力学和分析力学中出现的有很多线性算子都不是有界算子. 例如，量子力学中的 Schrödinger 算子、弹性力学中的 Hamilton 算子矩阵等都是无界算子. 无界算子矩阵为求解混合阶和混合型偏微分方程的耦合系统，提供了一个有效的途径. 因而，算子矩阵的谱理论显得十分重要. 本节从数值逼近的角度，采用投影法逼近无界算子矩阵的 n 次数值域，进而刻画谱的相关信息.

从 6.1 节中的定理 6.1.1 和引理 6.1.1 的证明过程中可以看出，算子的有界性并未涉及. 因此，对无界算子的情形结论依然成立. 事实上，如果 M 是 $\mathcal{H} = \mathcal{H}_1 \oplus \cdots \oplus \mathcal{H}_n$ 上的无界算子，只需令 $(U_{k_i}^i)_{k_i=1}^{\infty}$ 是 $\mathcal{D}_i := \bigcap_{j=1}^{n} \mathcal{D}_{ji}$ 的空间套族，其中 $\mathcal{D}_{ji}$ 是 $A_{ji}(i, j=1, \cdots, n)$ 的定义域.

粗略地讲，定理 6.1.1 和引理 6.1.1 的结论同样适用于无界情形.

定理 6.2.1　收敛性　令

$$M:=\begin{pmatrix}A_{11} & \cdots & A_{1n}\\ \vdots & & \vdots\\ A_{n1} & \cdots & A_{nn}\end{pmatrix}$$

是$\mathcal{H}=\mathcal{H}_1\oplus\cdots\oplus\mathcal{H}_n$ 上的无界算子. 令$(U_{k_i}^i)_{k_i=1}^{\infty}$, $(i=1, \cdots, n)$是$\mathcal{D}_i$ 中的空间套族, 其中$U_{k_i}^{\mathrm{i}}:=\mathrm{Span}(\alpha_1^{\mathrm{i}}, \cdots, \alpha_{k_{\mathrm{i}}}^{\mathrm{i}})$, $(\alpha_k^{\mathrm{i}})_{k=1}^{\infty}\in\mathcal{D}_{\mathrm{i}}$ 是标准正交的序列. 令多重指标 $\boldsymbol{k}:=(k_1, \cdots, k_n)\in\mathbb{N}_+^n$. 考虑

$$\hat{M}_k:=\begin{pmatrix}A_{k_1\times k_1} & \cdots & A_{k_1\times k_n}\\ \vdots & & \vdots\\ A_{k_n\times k_1} & \cdots & A_{k_n\times k_n}\end{pmatrix},$$

其中

$$(A_{k_p\times k_q})_{st}=(A_{pq}\alpha_t^q, \alpha_s^p),$$

其中, $s=1, \cdots, k_p$, $t=1, \cdots, k_q(p, q=1, \cdots, n)$, 则$\mathcal{W}^n(\hat{M}_k)\subseteq\mathcal{W}^n(M)$.

证明　证明过程类似于有界的情形.

引理 6.2.1　单调性　令$(U_{k_i}^i)_{k_i=1}^{\infty}$和 $\hat{M}_k$ 具有如定理 6.2.1 所定义的形式. 假定 $\hat{k}$, $k\in\mathbb{N}_+^n$, 且有 $\hat{k}\geqslant k(\hat{k}_i\geqslant k_i, i=1, \cdots, n)$, 则$\mathcal{W}^n(\hat{M}_k)\subseteq\mathcal{W}^n(\hat{M}_{\hat{k}})$.

证明　引理 5.3.1 的证明过程与有界的情形类似.

定理 6.1.2 给出对有界算子 M, $\mathcal{W}^n(\hat{M}_k)$收敛到$\mathcal{W}^n(M)$的条件, 其中 $\boldsymbol{k}:=(k_1, \cdots, k_n)\in\mathbb{N}_+^n$. 类似地, 一个很自然的问题就是无界情形成立的条件是什么. 定理 6.2.2 给出了答案.

定理 6.2.2　令 M、$\hat{M}_k$ 和$(U_{k_i}^i)_{k_i=1}^{\infty}$具有如定理 6.2.1 所定义的形式. 假定 M 是主对角占优, 且$(U_{k_i}^i)_{k_i=1}^{\infty}$分别是 A_{ii}, $(i=1, \cdots, n)$的柱心, 则

$$\overline{\bigcup_{k\in\mathbb{N}_+^n}\mathcal{W}^n(\hat{M}_k)}=\overline{\bigcup_{m^n\in\mathbb{N}_+^n}\mathcal{W}^n(\hat{M}_{m^n})}=\overline{\mathcal{W}^n(M)},$$

其中, $\boldsymbol{m}^n:=(m, \cdots, m)\in\mathbb{N}_+^n$.

证明　因为$(U_{k_i}^i)_{k_i=1}^{\infty}$分别是 $A_{ii}(i=1, \cdots, n)$的柱心, 则存在相应的序列$(x_k^i)_{k=1}^{\infty}$, 其中存在 $k_i>0$ 满足

$$x_k^i \in \mathrm{Span}\{\alpha_1^i, \cdots, \alpha_{k_i}^i\},$$

使得

$$\| x^i - x_k^i \| \to 0, \ \| A_{ii}x^i - A_{ii}x_k^i \| \to 0 \ (k \to \infty),$$

其中, x^i 是向量 $\boldsymbol{x}$ 的第 i 个分量. 又因为 $A_{ji}(j=1, \cdots, n)$ 是 A_{ii}-有界, 因而

$$\| A_{ji}x^i - A_{ji}x_k^i \| \to 0 (k \to \infty).$$

余下的证明过程, 与定理 6. 1. 2 的证明过程类似.

注(定理 6. 2. 2)　对无界算子, 需要充分考虑其定义域, 所以收敛条件由空间的一组基变为柱心.

类似定理 6. 2. 2 对次对角占优的无界算子情形, 同样的结论也成立.

定理 6. 2. 3　令 M、$\hat{M}_k$ 和 $(U_{k_i}^i)_{k_i=1}^{\infty}$ 具有如定理 6. 2. 1 所定义的形式. 假定 M 是次对角占优的, 且 $(U_{k_i}^i)_{k_i=1}^{\infty}$ 分别为 $A_{n+1-i,\, i}$ $(i=1, \cdots, n)$ 的柱心, 则

$$\overline{\bigcup_{k \in \mathbb{N}_+^n} \mathcal{W}^n(\hat{M}_k)} = \overline{\bigcup_{m^n \in \mathbb{N}_+^n} \mathcal{W}^n(\hat{M}_{m^n})} = \overline{\mathcal{W}^n(M)},$$

其中, $\boldsymbol{m}^n := (m, \cdots, m) \in \mathbb{N}_+^n$.

注(定理 6. 2. 3)　注意到, 文献[13]中定理 2. 3 是本书定理 6. 2. 2 中 $n=2$ 的情形.

6. 3　Hamilton 算子矩阵的 *n* 次数值域

无穷维 Hamilton 正则系统为求解应用偏微分方程初边值问题开辟了一条新途径. Hamilton 算子矩阵来源于无穷维 Hamilton 系统, 通过研究 Hamilton 算子矩阵的谱、数值域等性质, 可进一步研究无穷维 Hamilton 正则系统. 本节讨论由板弯曲方程导出的 Hamilton 算子矩阵的四次数值域数值近似.

事实上, 定理 6. 2. 2 可推广到无界算子矩阵的每一列中有一个元素(算子)占优, 即每一列中都存在一个元素(算子), 其所在列其他算子关于它相对有界.

定义 6. 3. 1　如式(6. 1. 2)所定义的分块算子矩阵 $\boldsymbol{M}$ 被称为行元素占优, 如果对于算子矩阵的第 j 列, 存在 i_j, 且 $0 \leqslant i_j \leqslant n$, 使得 A_{ij} 是 $A_{i_j, j}$-有界, 其中 $i=1, \cdots, i_j-1, i_j+1, \cdots, n(j=1, \cdots, n)$.

注(定义 6. 3. 1)　显然, 主对角线占优或次对角线占优都是行元素占优中的 $i_j=j$ 或 $i_j=n+1-j$ 的情形. 由此, 还可定义一行占优.

定理 6.3.1 令 $\boldsymbol{M}$、$\hat{\boldsymbol{M}}_k$ 和$(U_{k_i}^i)_{k_i=1}^{\infty}$具有如定理 6.2.1 所定义的形式. 假定 $\boldsymbol{M}$ 是行元素占优的, 其中 $A_{j_i i}$是第 i 列的占优算子, 且$(U_{k_i}^i)_{k_i=1}^{\infty}$分别为 $A_{j_i i}$, $i=1$, …, n; $(1\leqslant j'\leqslant n)$的柱心, 则

$$\overline{\bigcup_{k\in\mathbb{N}_+^n}\mathcal{W}^n(\hat{\boldsymbol{M}}_k)}=\overline{\bigcup_{m^n\in\mathbb{N}_+^n}\mathcal{W}^n(\hat{\boldsymbol{M}}_{m^n})}=\overline{\mathcal{W}^n(\boldsymbol{M})},$$

其中, $\boldsymbol{m}^n:=(m, \cdots, m)\in\mathbb{N}_+^n$.

证明 定理 6.3.1 的证明过程与定理 6.2.2 的证明过程类似.

例 6.3.1 考虑定义域为$\{(x, y): 0\leqslant x\leqslant 1, 0\leqslant y\leqslant 1\}$的对边简支板弯曲方程

$$D\left(\frac{\partial^2}{\partial x^2}+\frac{\partial^2}{\partial y^2}\right)^2\omega=0,$$

简支边界条件为

$$\omega(x, 0)=\omega(x, 1)=0,\ \frac{\partial^2}{\partial x^2}+\frac{\partial^2}{\partial y^2}=0,\ y=0, 1,$$

其中, D 是抗弯刚度, ω 是挠度, $f(x, y)$是区域$\{(x, y): 0\leqslant x\leqslant 1, 0\leqslant y\leqslant 1\}$上的横向荷载. 令

$$\theta=\frac{\partial\omega}{\partial x},\ q=D\left(\frac{\partial^3}{\partial x^3}+\frac{\partial^3}{\partial x\partial y^2}\right),\ m=-D\left(\frac{\partial^2\omega}{\partial x^2}+\frac{\partial^2\omega}{\partial y^2}\right).$$

此时, 引入位移函数和内力函数向量$\boldsymbol{\mu}$ 和 $\boldsymbol{\nu}$②:

$$\boldsymbol{\mu}=(\omega\theta)^t,\ \boldsymbol{\nu}=(qm)^t.$$

可得

$$\frac{\partial}{\partial x}\begin{pmatrix}\omega\\ \theta\\ q\\ m\end{pmatrix}=\begin{pmatrix}0 & 1 & 0 & 0\\ -\frac{\partial^2}{\partial y^2} & 0 & 0 & -\frac{1}{D}\\ 0 & 0 & 0 & \frac{\partial^2}{\partial y^2}\\ 0 & 0 & -1 & 0\end{pmatrix}\begin{pmatrix}\omega\\ \theta\\ q\\ m\end{pmatrix}.$$

相应的, 4×4Hamilton 算子矩阵为

$$\boldsymbol{H}=\begin{pmatrix} 0 & 1 & 0 & 0 \\ -\frac{\partial^2}{\partial y^2} & 0 & 0 & -\frac{1}{D} \\ 0 & 0 & 0 & \frac{\partial^2}{\partial y^2} \\ 0 & 0 & -1 & 0 \end{pmatrix}:=\begin{pmatrix} \boldsymbol{A} & \boldsymbol{B} \\ 0 & -\boldsymbol{A}^* \end{pmatrix},$$

其定义域为$\mathcal{D}(\boldsymbol{A})\oplus\mathcal{D}(\boldsymbol{A})\subseteq\mathcal{H}\oplus\mathcal{H}$，其中$\mathcal{H}=\mathcal{L}_2(0,1)\oplus\mathcal{L}_2(0,1)$，且

$$\boldsymbol{A}=\begin{pmatrix} 0 & 1 \\ -\frac{d^2}{dy^2} & 0 \end{pmatrix},\ \boldsymbol{B}=\begin{pmatrix} 0 & 0 \\ 0 & -\frac{1}{D} \end{pmatrix},$$

$$\mathcal{D}(\boldsymbol{A}):=\left\{\begin{pmatrix} \omega \\ \theta \end{pmatrix}\in\mathcal{H}:\ \omega(0)=\omega(1)=0,\ \omega'\in AC[0,1],\ \omega''\in\mathcal{L}_2(0,1)\right\},$$

经过计算，得特征值方程：

$$\sin^2\lambda=0.$$

因而，Hamilton 算子矩阵 $\boldsymbol{H}$ 的特征值为 $\lambda_j=j\pi(j=\pm1,\pm2,\cdots)$.

考虑 4×4Hamilton 算子矩阵

$$\boldsymbol{H}=\begin{pmatrix} 0 & 1 & 0 & 0 \\ -\frac{\partial^2}{\partial y^2} & 0 & 0 & -\frac{1}{D} \\ 0 & 0 & 0 & \frac{\partial^2}{\partial y^2} \\ 0 & 0 & -1 & 0 \end{pmatrix}=\begin{pmatrix} 0 & 1 & 0 & 0 \\ -A_1 & 0 & 0 & -\frac{1}{D} \\ 0 & 0 & 0 & A_1 \\ 0 & 0 & -1 & 0 \end{pmatrix},$$

$$\mathcal{D}(\boldsymbol{H})=\mathcal{D}(A_1)\oplus\mathcal{H}\oplus\mathcal{H}\oplus D(A_1)\subseteq\mathcal{H}\oplus\mathcal{H}\oplus\mathcal{H}\oplus\mathcal{H},$$

其中，$\mathcal{H}=\mathcal{L}_2(0,1)$，

$$\mathcal{D}(A_1):=\{\omega\in\mathcal{H}:\ \omega(0)=\omega(1)=0,\ \omega'\in AC[0,1],\ \omega''\in\mathcal{L}_2(0,1)\}.$$

由定理 6. 3. 1 可知，4×4Hamilton 算子矩阵的二次数值域和四次数值域可以用投影法分别数值逼近. 由于

$$\sigma_{\mathrm{p}}(\boldsymbol{H}) \subseteq \mathcal{W}^4(\boldsymbol{H}) \subseteq \mathcal{W}^2(\boldsymbol{H}),$$

利用投影法计算数值情形 $\overline{\bigcup_{m^4 \in \mathbb{N}_+^4} \mathcal{W}^n(\hat{\boldsymbol{H}}_{m^4})}$. 经过计算可知，算子 A_1 的特征值和标准化的特征向量分别是

$$\lambda_j = (j\pi)^2,\ \omega_j(y) = \sqrt{2}\sin(j\pi y),\ j = 1,\ 2,\ \cdots.$$

由于算子 A_1 是自伴算子，可使用这些特征向量作为 $\mathcal{L}_2(0,\ 1)$ 的一组基. 定义如定理 6. 2. 1 中 $\mathcal{L}_2(0,\ 1)$ 的空间套组 $(U_m)_{m=1}^{\infty}$，其中

$$U_m := \mathrm{Span}\{\omega_1,\ \omega_2,\ \cdots,\ \omega_m\},$$

而矩阵

$$\hat{\boldsymbol{H}}_{m^4} := \begin{pmatrix} \boldsymbol{H}_{11} & \boldsymbol{H}_{12} & \boldsymbol{H}_{13} & \boldsymbol{H}_{14} \\ \boldsymbol{H}_{21} & \boldsymbol{H}_{22} & \boldsymbol{H}_{23} & \boldsymbol{H}_{24} \\ \boldsymbol{H}_{31} & \boldsymbol{H}_{32} & \boldsymbol{H}_{33} & \boldsymbol{H}_{34} \\ \boldsymbol{H}_{41} & \boldsymbol{H}_{42} & \boldsymbol{H}_{43} & \boldsymbol{H}_{44} \end{pmatrix} = \begin{pmatrix} \boldsymbol{0}_m & \boldsymbol{I}_m & \boldsymbol{0}_m & \boldsymbol{0}_m \\ \boldsymbol{T}_m & \boldsymbol{0}_m & \boldsymbol{0}_m & -\frac{1}{D}\boldsymbol{I}_m \\ \boldsymbol{0}_m & \boldsymbol{0}_m & \boldsymbol{0}_m & -\boldsymbol{T}_m \\ \boldsymbol{0}_m & \boldsymbol{0}_m & -\boldsymbol{I}_m & \boldsymbol{0}_m \end{pmatrix},$$

其中，$\boldsymbol{H}_{ij}(i,\ j=1,\ \cdots,\ 4)$ 都是 $m\times m$ 矩阵，$\boldsymbol{I}_m$ 和 $\boldsymbol{0}_m$ 分别表示 $m\times m$ 单位矩阵和 $\boldsymbol{0}$ 矩阵，

$$\boldsymbol{H}_{24} = -\frac{1}{D}\boldsymbol{I}_m,\ \boldsymbol{H}_{21} = -\boldsymbol{H}_{34} = \mathrm{diag}\{\pi^2,\ 4\pi^2,\ \cdots,\ m^2\pi^2\} := \boldsymbol{T}_m.$$

计算可得，

$$\mathcal{W}^4(\hat{\boldsymbol{H}}_{m^4}) = \mathcal{W}^2\left(\begin{pmatrix} \boldsymbol{0}_m & \boldsymbol{I}_m \\ \boldsymbol{T}_m & \boldsymbol{0}_m \end{pmatrix}\right).$$

令 $S_{\mathbb{C}}^m := \{x \in \mathbb{C}^m,\ \|x\| = 1\}$，则

$$\mathcal{W}^4(\hat{\boldsymbol{H}}_{m^4}) = \{\lambda \in \mathbb{C} : \lambda^2 = (x,\ y)(\boldsymbol{T}_m y,\ x),\ \forall x,\ y \in S_{\mathbb{C}}^m\}. \tag{6.3.1}$$

又因为

$$\sigma(\hat{\boldsymbol{H}}_{m^4}) = \{\pm\pi,\ \pm2\pi,\ \cdots,\ \pm m\pi\},$$

特别地, 式(6.3.1)取 $x=y$, 则 $\{\lambda\in\mathbb{C}:\lambda^2=(x,\ x)(T_m x,\ x),\ \forall x\in S_{\mathbb{C}}^m\}:=\mathrm{co}\{-\pi,\ -2\pi,\ \cdots,\ -m\pi\}\cup\mathrm{co}\{\pi,\ 2\pi,\ \cdots,\ m\pi\}$.

显然, $\sigma(\hat{\boldsymbol{H}}_{m^4})\to\sigma_{\mathrm{p}}(\boldsymbol{H})$, $m\to\infty$, 即

$$\sigma_{\mathrm{p}}(\boldsymbol{H})\subseteq\overline{\bigcup_{m^4\in\mathbb{N}_{+}^{+}}\mathcal{W}^n(\hat{\boldsymbol{H}}_{m^4})}.$$

下面利用随机向量法数值近似矩阵 $\hat{\boldsymbol{H}}_{m^4}$ 的四次数值域, 分别给出 $m=2$, 4, 8 时的图像(见图 6.3.1). 图中, 红点表示相应矩阵的点谱, 蓝图表示相应矩阵的四次数值域.

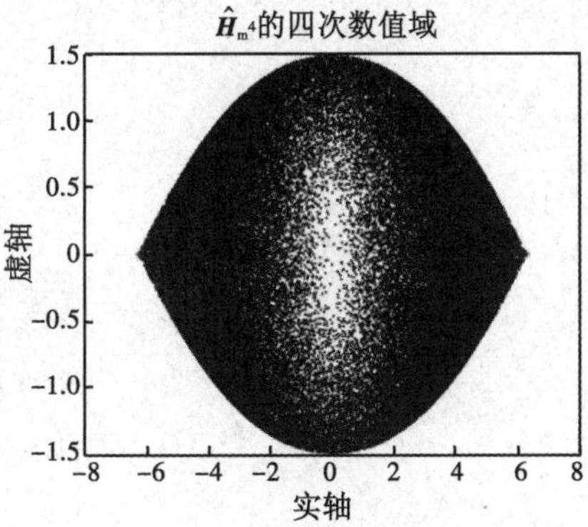

(a) $m=2$ 的情形(10^5)

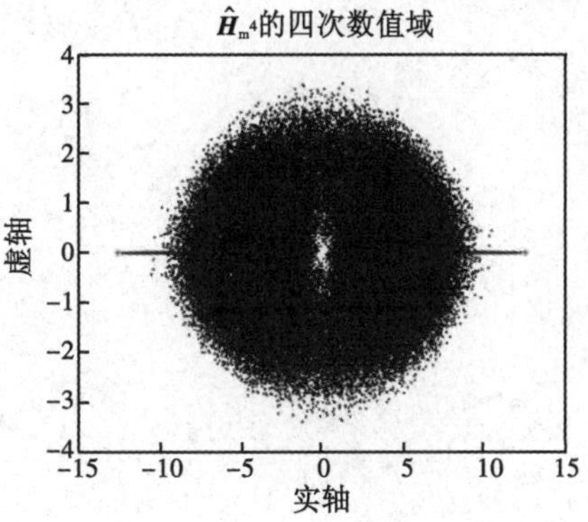

(b) $m=4$ 的情形(10^5)

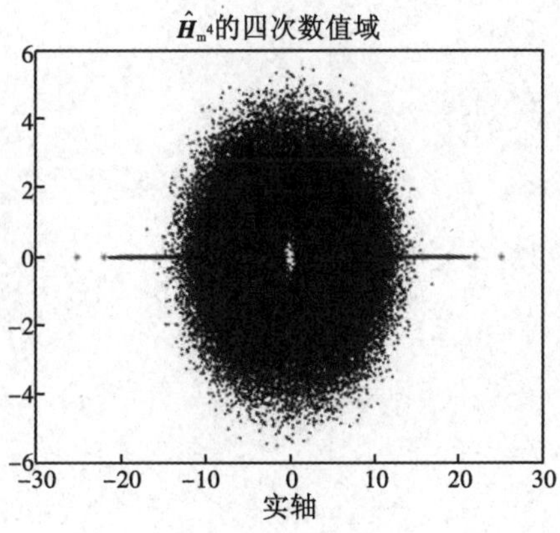

(c) $m=8$ 的情形(10^5)

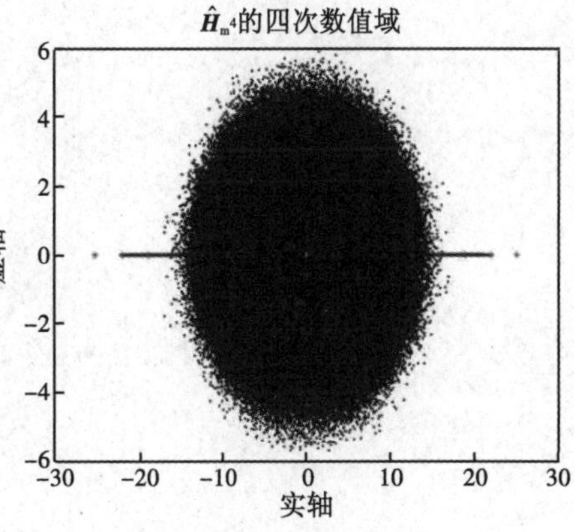

(d) $m=8$ 的情形(10^6)

图 6.3.1　数值逼近矩阵 $\hat{\boldsymbol{H}}_{m^4}$ 的四次数值域

观察图 6.3.1(a)(b)中可知, 当 $m=2$, 4 时, 相应矩阵 $\hat{\boldsymbol{H}}_{m^4}$ 的点谱落在了其四次数值域中, 但从图 6.3.1(c)中可看出, 当 $m=8$ 时, 矩阵 $\hat{\boldsymbol{H}}_{m^4}$ 的有些点谱会落在其四次

数值域的外边. 由于我们分别使用了 10^5 个随机向量得到了图 6.3.1(a)(b)(c), 而图 6.3.1(c) 中其四次数值域没有覆盖点谱可能因为使用的随机向量较少, 所以我们使用了 10^6 个随机向量得到了图 6.3.1(d), 虽然没有达到预期效果, 但是其四次数值域的范围略有增加. 其原因可能是随机向量法在处理较大规格矩阵的四次数值域时, 填充四次数值域的速度非常慢.

参考文献

[1] HOU G L, ALATANCANG. Spectra of off-diagonal infinite-dimensional Hamiltonian operators and their applications to plane elasticity problems[J]. Communications in theoretical physics, 2009, 51(2): 200-204.

[2] WU D Y, ALATANCANG. Spectral properties and numerical range of off-diagonal infinite dimensional Hamiltonian operators[J]. Linear multilinear algebra, 2012, 60(5): 613-619.

[3] GUSTAFSON K, RAO K M. Numerical range[M]. New York: Springer-Verlag, 1997.

[4] HORN R, JOHNSON C. Topics in matrix analysis[M]. New York: Cambridge University Press, 1991.

[5] LANGER H, TRETTER C. Tretter, Spectral decomposition of some nonself adjoint block operator matrices[J]. J. Operator theory, 1998, 39(2): 339-359.

[6] TRETTER C, WAGENHOFER M. The block numerical range of an n × n block operator matrix[J]. SIAM j. matrix anal. appl., 2003, 22(4): 1003-1017.

[7] SALEMI A. Total decomposotion and block numerical range[J]. Banach J. Math. Anal., 2011, 5(1): 51-55.

[8] 吴德玉，阿拉坦仓，黄俊杰，等. Hilbert 空间中线性算子数值域及其应用[M]. 北京：科学出版社，2013.

[9] TRETTER C. Spectral theory of block operators matrices and applications[M]. London: Imperial College Press, 2008.

[10] TRETTER C. Spectral inclusion for unbounded block operator matrices[J]. J. Funct. Anal., 2009, 256: 3806-3829.

[11] 吴德玉，阿拉坦仓. 分块算子矩阵谱理论及其应用[M]. 北京：科学出版社，2013.

[12] LANGER H, TRETTER C. Diagonalization of certain block operator matrices and applications to Dirac operators[J]. In Operator theory and analysis (Amsterdam, 1997), 2001, 122: 331-358.

[13] MUHAMMAD A, MARLETTA M. Approximation of the quadratic numerical range of block operator matrices[J]. Integr. Equ. Oper. Theory, 2012, 74(2): 151-162.

[14] 齐雅茹. 无界算子矩阵的二次数值域和补问题[D]. 呼和浩特：内蒙古大学，2014.

[15] WAGENHOFER M. Block numerical ranges[D]. Bremen: University of Bremen, 2007.

[16] GUO H, LZU X, WANG W. The block numerical range of matrix polynomials[J]. App. Math. Comput., 2009, 21: 265-283.

[17] RADL A, TRETTER C, WAGENHOFER M. The block numerical range of analytic operator functions[J]. Oper. matrices, 2014, 8(4): 901-934.

[18] RADL A. Perron-Frobenius type results for the block numerical range[J]. PAMM, proc. appl. math. mech., 2014, 14(1): 1001-1002.

[19] ZANGIABADI M, AFSHIN H R. Some results on the block numerical range[J]. Wavelets and linear algebra, 2017, 4(1): 43- 51.

[20] RADL A, WOLFF M P H. On the block numerical range of operators on arbitrary Banach spaces[J]. Oper. matrices, 2018, 12(1): 229-252.

[21] YU J, CHEN A. Block numerical range and estimable total decompositions of normal operators[J]. Linear and multilinear algebra, 2019, 67(9): 1750-1756.

[22] RADL A, WOLFF M P H. Topological properties of the block numerical range of operator matrices[J]. Operator and Matrices, 2020, 14(4): 1001-1014.

[23] CONWAY J B. A Course in functional analysis[M]. Berlin: Springer-Verlag, 1990.

[24] BROWN A. On a class of operators[J]. Proc. Amer. Math. Soc., 1953, 4: 723-728.

[25] HALMOS P R. Normal dilations and extensions of operators[J]. Summa Bras. Math., 1950, 2: 125-134.

[26] CONWAY J B. The theory of subnormal operators[M]. Amer. Math. Soc., 1991.

[27] ITO T, WONG T K. Subnormality and quasinormality of Toeplitz operators[J]. Proc. Amer. Math. Soc., 1972, 34: 157-164.

[28] STAMPFLI J G. Hyponormal operators[J]. Pac. jour. math., 1962, 12: 1453-1458.

[29] PUTNAM C R. Hyponormal operators are subscalar[J]. J. Operator theory, 1984, 12: 385-395.

[30] BROWN S W. Hponormal operators with thick spectra have invariant subspaces[J]. Ann. Math., 1987, 125: 93-103.

[31] ANDO T. On hyponormal operators[J]. Proceedings of the American mathematical society, 1963, 14: 290-291.

[32] BERGER C A. Berger, Sufficiently high powers of hyponormal operators have rationally invariant subspaces[J]. Integr. Equat. Oper. Th., 1978, 1: 444-447.

[33] CLANCEY K. Seminormal operators[M]. Berlin: Springer-Verlog, 1979.

[34] STAMPFLI J G. Hyponormal operators and spectral density[J]. Trans. Amer. Math. Soc. 1965, 117: 469-476.

[35] ISTRATESCU V.On some hyponormal operators[J]. Pacific journal of mathematics, 1967, 22(3): 413-417.

[36] HALMOS P R. A Hilbert space problem book[M]. New York: Springer-Verlag, 1974.

[37] 孙善利. 关于凸型算子[J]. 数学学报, 1993, 6(4): 433-440.

[38] FURUTA T. Invitation to linear operators[M]. London: Taloy and Francis Group, 2001.

[39] PUTNAM C R. Commutation properties of Hilbert space operators and related topics [M]. New York: Springer, 1967.

[40] DUNFORD N. Spectral operators[J]. Pacific J. Math., 1954, 4: 321-354.

[41] DUNFORD N, SCHWARTZ J T. Linear operators, vols I[M]. New York: Wiley-Interscience, 1958.

[42] DUNFORD N, SCHWARTZ J T. Linear operators, III: Spectral operators[M]. New York: Interscience Publishers, 1971.

[43] CHATELIN F. Spectral approximation of linear operator[M]. New York: Academic Press, 1983.

[44] DAVIES E B, PLUM M. Spectral pollution[J]. IMA J. Numer. Anal., 2004, 24: 417-438.

[45] WILLIAMS J P, CRIMMINST.On the numerical radius of a linear operator[J]. American mathematical monthly, 1967, 74: 832-833.

[46] WU P Y, GAU H L. Numerical ranges of Hilbert space operators[M].Cambridge: Cambridge University Press, 2021.

[47] HINRICHSEN D, PRITCHARD A J.Mathematical systems theory I[M]. Berlin: Springer-Verlag, 2005.

[48] ALATANCANG, WU D Y. Completeness in the sense of Cauchy principal value of the eigenfunction systems of infinite dimensional Hamiltonian operator[J]. Sci. China ser. A:mathematics, 2009, 52(1): 173-180.

[49] ALATANCANG, HUANG J, FAN X Y. Structure of the spectrum of infinite dimensional Hamiltonian operators[J].Sci. in China ser. A: mathematics, 2008, 51(5): 915-924.

[50] 刘杰, 黄俊杰, 阿拉坦仓. Hamilton 算子矩阵的半群生成定理[J]. 数学物理学报, 2015, 35(5): 936-946.

[51] 青梅. 无界算子矩阵的谱和补问题[D]. 呼和浩特: 内蒙古大学, 2016.

[52] BERG I D. An extension of the Weyl-von Neumann Theorem to normal operators[J]. Trans. Amer. Math. Soci. , 1971, 160: 365-371.

[53] CONWAY J B. A Course in operator theory[M]. Knoxville: Amer. Math. Soc. , 2000.

[54] SKOUFRANIS P. Numerical ranges of operators[EB/OL].(2014-8-21)[2024-2-21].http://pskoufra. info. yorku. ca/ files/ 2016/07/ Numerical-Range. pdf.

[55] LAURSEN K B, NEUMANN M M. An introduction to local spectral theory[M]. New York: Oxford University Press, 2000.

[56] DUNFORD N, SCHWARTZ J T. Linear operators, vols II[M]. New York: Wiley-Interscience, 1963.

[57] REED M, SIMON B. Metheds of modern mathematical physics I: functional analysis [M]. San Diego: Academic Press, 1980.

[58] TAYLOR A E, LAY D C. Introdution to functional analysis[M]. Malabar: Robert E. Krieger Publishing Company, 1980.

[59] RUDIN W. Fonctional analysis[M]. 2nd edn. New York: McGraw-Hill, 1997.

[60] GOHBERG I, GOLDBERG S, KAASHOEK M A. Classes of linear operators vol. I [M]. Basel: Birkhauser Verlag, 1990.

[61] PUTNAM C R. An inequality for the area of hyponormal spectra[J]. Math. z. , 1970, 116: 323-330.

[62] YOSHINO T. Spectral resolution of a hyponormal operator with the spectrum on a curve[J]. Tohoku mathematical journal, 1967, 19(1): 86-97.

[63] RADJAVI H, ROSENTHAL P. Invariant subspace[M]. Berlin: Springer-Verlag, 1973.

[64] NEUMANN J V. Eine spektraltheorie furallgemeine operatoren eines unitaren raumess [J]. Math. Nachr. , 1951, 4: 258-281.

[65] COLOJOARA I, FOIAS C. Theory of generalized spectral operators[M]. New York: Gordon and Breach, Science Publishs, 1968.

[66] KARAEV M T. The numerical range of a nilpotent operator on a Hilbert space[J]. Proc. Amer. Math. Soci. , 2004, 132(8): 2321-2326.

[67] DAVIDSON K R, HERRERO D A. The Jordan form of a bitriangular operator[J]. J. Funct. Anal. , 1990, 94: 27-73.

[68] 蒋春澜, 郭献洲, 杨永发. 拟幂零算子相似于不可约算子[J]. 中国科学(A辑), 2001, 31(8): 673-686.

[69] APOSTOL C, FOIAS C, PEARCY C. That quasinilpotent operators are norm-limits of nilpotent operators revisited[J]. Proceedings of the American mathematical society, 1979, 73(1): 61-64.

[70] 张恭庆，郭懋正. 泛函分析讲义(下册)[M]. 北京：北京大学出版社，1990.
[71] KATO T. Perturbation theory for linear operators[M]. Berlin: Springer-Verlag, 1980.
[72] EDMUNDS D E, EVANS W D. Spectral theory and differential operators[M]. New York: The Clarendon Press, 1987.
[73] 钟万勰. 分离变量法与哈密尔顿体系[J]. 计算结构力学及其应用，1991, 8(3): 229-240.

索　引